Viviane Theby

Clickertraining leicht gemacht

Konrad-Zuse-Straße 3, D-54552 Nerdlen/Daun
Telefon: 06592 957389-0
Telefax: 06592 957389-20
www.kynos-verlag.de

Grafik & Layout: Kynos Verlag
Gedruckt in Lettland

ISBN 978-3-942335-82-9

Bildnachweis: Alle Fotos Viviane Theby,
außer: S.18, S.20, S.47(oben) www.tierfotografie-winter.de,
Zeichnungen: S.36, S.37, S.38, S.40 Heinz Grundel

Inhalt

Warum Clickertraining?

Vielleicht fragt sich der ein oder andere, warum man eigentlich mit Clicker trainieren soll. Man hört ja so Verschiedenes: »Der Clicker ersetzt dann das Leckerchen« oder »Ist ja blöd, dann muss man ja immer den Clicker bei sich haben, sonst gehorcht der Hund nicht« und so weiter. Außerdem mag es einen abschrecken, mit Clicker, Leckerchen und Leine hantieren zu müssen.

»Den Clicker muss man dann immer dabei haben.«
Falsch!
Der Clicker ist nichts weiter als ein Trainingshilfsmittel. Genau wie ein Spielzeug, eine spezielle Leine oder ähnliche Dinge kann man ihn nutzen, muss das aber durchaus nicht immer.

Vieles, was man da hört, ist leider falsch oder nur Halbwissen. In Wirklichkeit ist der Clicker ein ganz wundervolles Trainingswerkzeug, und richtig angewandt kann er zu einer unbeschreiblichen Beziehung mit dem Hund führen, die es wert ist, sich etwas mit diesem neuen, unbekannten Thema zu befassen. Man muss als Mensch zwar bereit sein, etwas dazu zu lernen, aber das hat ja auch seine Vorteile.

»Der Clicker ersetzt das Futter.«
Falsch!
Der Clicker ersetzt niemals das Futter. Er kündigt immer nur das Futter an. Im Laufe der Ausbildung, wenn dann weniger Futter nötig ist, wird auch weniger geclickt. Aber dem Click folgt immer ein Leckerchen oder eine andere tolle Belohnung.
Mit dem Clicker können wir viel klarer mit dem Hund kommunizieren. Er versteht besser, was wir von ihm wollen und ist auch sehr motiviert, das zu erfüllen. Denn schließlich kann er sich dann etwas Tolles verdienen.

Wie der Hund lernt

Sehen wir uns dazu einmal an, wie der Hund lernt. Denn schließlich möchten wir ihm etwas beibringen, und das geht besser, wenn man durchschaut hat, wie das Lernen funktioniert.

Zuerst einmal ist wichtig klarzustellen, dass Sie als Mensch nicht »dominant« sein müssen, damit der Hund etwas lernt. Das Hundegehirn funktioniert davon vollkommen unabhängig. Viel eher ist das Gehirn eines Hundes darauf bedacht, Dinge abzuspeichern, die ihm Angenehmes gebracht oder Unangenehmes vermieden haben.
Oft wird die Dominanz als Voraussetzung im Training beschrieben, weil das von den Wölfen oder Hunden untereinander so abgeschaut wurde. Allerdings beinhaltet das einen Denkfehler: Ich habe nämlich noch keinen Hund oder Wolf gesehen, der einem anderen beibringt, an lockerer Leine zu gehen, etwas zu apportieren oder zu kommen, wenn er gerufen wird. Das einzige, wobei Dominanz hilfreich ist, ist, wenn Sie etwas vor Ihrem Hund verteidigen wollen. Aber selbst da gibt es Möglichkeiten, solche Situationen anders zu trainieren.
Sie müssen also nicht dominant sein. Sie müssen nur wissen,

Man muss nicht dominant sein, um einen Hund trainieren zu können. Man sollte nur wissen, wie das Lernen funktioniert.

dass ein Hund aus dem, was er tut, einen Nutzen ziehen möchte. Und Sie müssen sich klar machen, dass der Hund zunächst einmal nichts Ihnen zuliebe tut, auch wenn das schwer fällt. Denn das wünscht sich so mancher Mensch. Nur ist ein solches Verhalten in der Natur nicht vorgesehen.

Wir müssen den Hund also motivieren, das zu tun, was wir möchten. Das geht entweder, indem wir ihn zwingen, oder indem wir ihn belohnen.

»Der Hund soll mir zuliebe gehorchen.« So denken verständlicherweise viele Hundehalter. Das ist in der Natur aber leider nicht so eingerichtet. Hunde haben sich über viele Jahrtausende entwickelt, indem sie das taten, was sich für sie lohnte. Und wir müssen entscheiden, ob es sich lohnen soll, weil etwas Angenehmes von uns kommt oder weil wir etwas Unangenehmes weglassen.

Zwang im Hundetraining hat viele Nachteile. Er führt zu Stress auf Seiten des Hundes und unter Stress ist Lernen nur sehr eingeschränkt möglich. Außerdem wird viel Verhalten unterdrückt. Der Hund wird sich also nie frei und ungezwungen bewegen, wenn er mit seinem Menschen zusammen ist. Und letztendlich werden durch Ausbildungsmethoden über Zwang ganz viele Aggressionen provoziert. Und das ist es einfach nicht wert, zumal es viele Möglichkeiten gibt, über positive Verstärkung, sprich über Belohnung, zu trainieren. Fortschrittliches Hundetraining funktioniert also über positive Verstärkung.

Positive Verstärker

Positive Verstärker sind die Folgen von Verhalten, die dem Hund etwas Angenehmes bringen. In der Regel sind das Dinge, die zum Leben notwendig sind. Dazu gehören z.B. Futter, Wasser, Sozialkontakt, Sex, ein schützender Unterschlupf und was sonst noch zum Überleben wichtig ist. Bei Hunden gehört auch noch die Jagd dazu, das Stöbern in Müll und so weiter.
Positive Verstärker bewirken also, dass eine Handlung wahrscheinlicher wird. Sie sind unser Handwerkszeug, um das Verhalten des Hundes in unserem Sinne zu beeinflussen. Denn wenn wir dem Hund ein bestimmtes Verhalten beibringen möchten, soll er es ja immer häufiger zeigen. Das Verhalten wird also positiv verstärkt.

Der Clicker, ein sekundärer Verstärker

Ein sekundärer Verstärker ist alles, was eine Belohnung ankündigt. Als sekundärer Verstärker ist für Trainingszwecke am besten etwas geeignet, das kurz und knapp und für den Hund gut wahrzunehmen ist. Ein typisches Beispiel ist der Clicker. Die Trainer von Meeressäugern arbeiten mit Pfeifen als sekundäre Verstärker. So haben sie die Hände frei für andere Dinge. Auch ein Lobwort kann ein sekundärer Verstärker sein, wenn es entsprechend auftrainiert wurde. Das ist ganz wichtig, denn es hat die verstärkende Wirkung nicht automatisch.

Eine Bewegung, eine Berührung, für taube Hunde das Leuchten einer Taschenlampe, all das können sekundäre Verstärker sein.

Für welchen Clicker Sie sich entscheiden, können Sie von Ihrem Geschmack abhängig machen. Die mit Knopf sind im Winter mit Handschuhen leichter zu bedienen und in der Regel leiser, so dass sie angenehmer in der Wohnung sind. Ansonsten sind sie vom Prinzip alle gleich.

Warum brauchen wir sekundäre Verstärker?

Das Training mit sekundärem Verstärker ist sozusagen das Geheimnis zu einer guten Verständigung. Wir werden immer klarer in unserer Kommunikation, das Timing wird besser und dadurch kann der Hund besser verstehen, was wir eigentlich von ihm wollen.

Der sekundäre Verstärker erleichtert uns das Training deutlich. Er macht es möglich, dass wir uns in erster Linie darauf konzentrieren, beispielsweise im richtigen Moment zu clicken. Auch das ist nicht ohne, aber deutlich einfacher, als im richtigen Moment das Leckerchen zu liefern, was für ein schnelles Lernen jedoch extrem wichtig ist. Dafür verschaffen wir uns über unser Markersignal, wie der sekundäre Verstärker auch genannt wird, etwas Zeit.

»Der sekundäre Verstärker markiert ein bestimmtes Verhalten, so wie ein Fotoapparat ein bestimmtes Verhalten einfangen kann. Wenn Sie sich anstelle des Markersignals den Auslöser des Fotoapparates vorstellen und dann das richtige Verhalten auf dem Foto hätten, dann stimmt Ihr Timing und der Hund kann schnell verstehen, was Sie von ihm wollen.«

Perspektivenwechsel

Das Clickertraining beziehungsweise das Training über positive Verstärkung fordert von Ihnen zunächst einmal einen Perspektivenwechsel. Im traditionellen Training geht es meist darum, was der Hund alles nicht darf. Er soll nicht anspringen, er soll nicht an der Leine ziehen und so weiter.
Jetzt sollten Sie zu formulieren lernen, was der Hund stattdessen tun soll. Aus »Er soll nicht anspringen!« wird dann »Er soll sitzen bei der Begrüßung.« Oder aus »Er soll nicht an der Leine ziehen!« wird »Er soll an durchhängender Leine gehen.«

Nicht anspringen	Zur Begrüßung hinsetzen
Nicht am Tisch betteln	Zur Essenszeit ins Körbchen gehen
Nicht an der Leine ziehen	An lockerer Leine gehen
Nicht bellen, wenn es an der Tür klingelt	Zu mir kommen, wenn es an der Tür klingelt

Am besten machen Sie daraus zunächst eine kleine Übung. Schreiben Sie alle Dinge in einer Spalte auf, die Ihr Hund nicht tun soll. In der Spalte daneben schreiben Sie dann, was er stattdessen tun soll. Denn das ist es, was Sie letztendlich trainieren.
Die linke Spalte dieses Zettels schneiden Sie nach getaner Übung am besten ab und werfen sie in den Müll als symbolische Unterstützung, diese Art des Denkens aufzugeben. Denn die wirkt so, als würde ich hier schreiben: Jetzt denken Sie mal nicht an eine lila Kuh!
Und, an was haben Sie gedacht? An eine lila Kuh! Wenn ich jedoch möchte, dass Sie sich ein schwarzes Pferd vorstellen, dann sage ich Ihnen genau das. Und so funktioniert das auch mit dem Training. Wir sagen dem Hund nicht, was wir nicht wollen, sondern was er tun soll.
Nehmen wir das Beispiel eines bei der Begrüßung anspringenden Hundes. Dann hört man immer wieder »Nein, das sollst du nicht. Hör auf damit.« Aber dadurch bekommt der Hund ja keine Information, was er denn tun soll.
Wenn Sie von mir ein bestimmtes Verhalten für das Training lernen wollten, wären Sie sicher etwas frustriert, wenn ich immer nur sagen würde: »Nein, so nicht. Das ist falsch«. Stattdessen möchten Sie verständlicherweise klare Anweisungen, was Sie denn wie machen sollen.
Und so geht es dem Hund auch. Immer, wenn Sie im Training »Nein« sagen wollen, ändern Sie die Perspektive und überlegen Sie sich, was der Hund denn stattdessen tun soll. Das können Sie ihm dann sagen oder – falls Sie das noch nicht trainiert haben – eben entsprechend trainieren.

Wir können vom Hund nur das verlangen, was wir ihm auch beigebracht haben.

Auch sollten Sie sich angewöhnen, zu formulieren, was der Hund schon alles kann, anstelle davon, was er alles nicht kann. Denn es hört sich ganz anders an, wenn Sie sagen: »Mein Hund kann bei der Begrüßung schon gut sitzen, wenn der andere Mensch mehr als einen Meter Abstand hält« als wenn Sie sagen: »Mein Hund springt immer noch Leute an«, auch wenn er das nur noch tut, wenn jemand zu nah kommt oder zu viel herumspringt.

Gute Verständigung - Kommunikation in zwei Richtungen

Eine gute Kommunikation funktioniert immer in zwei Richtungen. Auch das ist ein sehr wichtiger Aspekt beim Clickertraining. Wir reden mit dem Hund über unsere Signale, die wir ihm beigebracht haben. Und er »redet« mit uns über die Verhalten, die er dann jeweils zeigt. Unwissende Menschen legen das dann als Dominanz aus, wenn der Hund ein Verhalten nicht zeigt, zu dem wir ihm ein Signal gegeben haben. Das ist es jedoch nicht.

Vielmehr teilt der Hund uns damit mit, dass er das Signal

- nicht versteht
- in diesem Kontext nicht versteht
- gar nicht wahrnimmt
- in diesem Kontext zu schwierig findet
- oder die Motivation nicht stimmt.

Es liegt also in jedem Fall an uns, daran etwas zu ändern.

PENG ist ein schönes Merkwort, wie ein Verhalten ausgeführt werden sollte, damit alles seine Richtigkeit hat und wir im Training weiter machen können wie bisher.
*Der Hund sollte das Verhalten **p**rompt ausführen. Die **E**rfolgsrate sollte hoch genug sein, d.h. von zehn Wiederholungen sollte er es mindestens acht Mal zeigen. Er sollte das Verhalten in der **n**ötigen Geschwindigkeit zeigen und **g**enau so, wie wir es wollten. Wenn einer dieser Faktoren nicht zutrifft, müssen wir unser Verhalten ändern, um das Verhalten des Hundes zu ändern.*

Aller Anfang ist gar nicht so schwer

Zuerst geht es darum, einen geeigneten positiven Verstärker zum Training zu finden. In der Regel wird das Futter sein, weil man damit in kurzer Zeit sehr oft belohnen kann. Aber es kann natürlich auch alles andere sein, was weiter oben als positiver Verstärker erwähnt ist.

Welche Leckerchen sind geeignet?

Grundsätzlich sind der Fantasie da keine Grenzen gesetzt. Viele Leckerchen gibt es fertig im Handel. Die meisten sind allerdings für effektives Training zu groß. Selbst für große Hunde wäre eine halbe Erbsengröße ideal. Was ich beispielsweise sehr liebe, weil sie die richtige Größe haben, sind Katzenfutter-Stückchen. In der Regel werden sie von Hunden auch sehr gerne genommen.

Manche Hundefutter sind sehr weich und gut zu zerkleinern, was auch eine Möglichkeit ist, nur entsprechend Arbeit macht.

Wenn Sie viel und fleißig trainieren, verwenden Sie für das normale tägliche Training ohne Ablenkung am besten das normale Futter des Hundes, das von der Ration abgezogen wird. Da können auch einige Köstlichkeiten untergemischt sein. Bessere Sachen gibt es nur für besondere Leistungen oder Training unter Ablenkung.

Was Hunde sehr mögen, sind natürlich Wurststückchen. Die kann man auch sehr gut in kleine Würfelchen schneiden. Für ein besseres Verfüttern ist es praktisch, wenn man die klein geschnittenen Würfelchen im Kühlschrank etwas antrocknen lässt. Dann kleben sie nicht so. Das gleiche gilt für kleingeschnittene Käsestückchen.
Wer Bedenken wegen der Gewürze hat, die unsere Lebensmittel enthalten, kann auch Hundewurst verwenden, die hundegeeignetere Inhaltsstoffe haben sollte.
Wer gerne etwas selber macht, dem stehen sowieso alle Möglichkeiten offen. Die meisten Hunde lieben getrocknete

Fleisch-, Leber- oder Herzstückchen. Das lässt sich alles auch sehr gut verarbeiten, das heißt entsprechend klein schneiden. Eine weitere schöne Belohnungsmöglichkeit ist aber auch Obst. Lassen Sie Ihren Hund mal verschiedene Obstsorten versuchen. Vielleicht mag er etwas. Wir hatten schon Hunde, die Bananen mochten, andere Äpfel und so weiter

Fischstückchen lieben viele Hunde auch sehr. Die gibt es zum Beispiel als Leckereien für Katzen. Man sollte sie aber auch noch klein schneiden.

Am besten ist es, wenn man sich von Zeit zu Zeit einen Eimer ganz verschiedener Köstlichkeiten vorbereitet, die man ganz durcheinander mischt. Der große Vorteil einer solchen Mischung ist natürlich auch die Abwechslung. So bleibt das Belohnen für den Hund immer spannend, weil er nie weiß, welches von den zwanzig verschiedenen Leckerchen jetzt an der Reihe ist. Das ist natürlich etwas anderes, als wenn jemand nur eine Sorte Leckerchen bei sich hat, der Hund einmal an seinem Menschen hochschnüffelt und weiß, was heute auf dem Programm steht.

Mein persönlicher Favorit an Leckerchen-Belohnung sind Futtertuben. Die kann man in die Tasche stecken, nach jedem Gebrauch sauber verschließen und die Hunde lieben es in der Regel, daran zu nuckeln.

Überlegen Sie, was Ihr Hund alles gerne mag. Am besten schreiben Sie das alles auf eine Liste. Das sind nämlich alles Möglichkeiten, mit denen Sie ihn das ein oder andere Mal belohnen können. Dazu gehören zum Beispiel Schnüffeln am Laternenpfahl, Springen in den Teich, Buddeln im Sandkasten oder was auch immer.

Damon mag sehr gerne:

- *ins Wasser springen*
- *rennen*
- *auf meinen Rücken springen*
- *Leckerchen suchen*

Ella mag sehr gerne:

- *im Schatten liegen*

Das ist wirklich sehr individuell. Tendenziell kann man natürlich auch sagen, dass man einen Border Collie wahrscheinlich eher mit einem Bällchen belohnen kann als einen Neufundländer, den wieder eher mit einem Sprung in den Teich als den Husky und so weiter. Aber es sollte wirklich jeder individuell bei seinem Hund schauen, was er mag.

Denn das, was der Hund in einer Situation gerne tut, sind immer Dinge, die belohnend wirken, ob man sich dessen bewusst ist oder nicht. Je gezielter man also auch diese Alltagssituationen zum Training nutzt, um so effektiver kann man es wieder gestalten.

Das Losmachen von der Leine ist eine große Belohnung. Achten Sie also darauf, dass der Hund kurz davor ein erwünschtes Verhalten zeigt.

Den Clicker laden

Beim Auftrainieren des Clickers geht es darum, dem Hund beizubringen, dass diesem bestimmten Geräusch immer eine Belohnung folgt. Der Hund soll das Markersignal mit der Belohnung verknüpfen. Dabei handelt es sich um eine klassische Konditionierung. Wir müssen uns also an deren Gesetzmäßigkeiten halten. Das bedeutet zunächst einmal, dass dem Markersignal unmittelbar die Belohnung folgen soll. Es wäre gut, wenn der primäre Verstärker gegeben wird, wenn der Click gerade dabei ist, zu verklingen. Hier ist das Timing wichtig! Der primäre Verstärker muss nämlich trotz allem nach dem Click kommen, im Notfall lieber etwas zu spät als zu früh. Also besser noch Click – Pause – Leckerchen, als dass man zu früh nach dem Leckerchen greift und der Click nicht mehr wirklich die Ankündigung der Belohnung ist, sondern die Bewegung.
Während des Clicks sollte der Trainer ganz unbeweglich stehen. Das ist sehr wichtig. Es soll nämlich wirklich nur der Click

den primären Verstärker, also das Futter, ankündigen. Geht dem Click immer unmittelbar eine für den Hund sichtbare Bewegung voraus, wird diese dann zum sekundären Verstärker und nicht der Click, wie es eigentlich beabsichtigt war.
Eine zweite Gesetzmäßigkeit, die wir uns aus der klassischen Konditionierung zunutze machen sollten, ist, dass wir hier mit Gefühlen arbeiten. Es lohnt sich, für das Auftrainieren des Markersignals wirklich gute Leckerchen als Belohnung zu nehmen. So empfehle ich für diesen Trainingsschritt zum Beispiel gebratene Pute oder ähnliche Leckereien. Die Stückchen können ruhig sehr klein sein, aber sie sollten etwas Besonderes sein.
Zur Vorgehensweise: Nehmen Sie sich fünf bis zehn Leckerchen in eine, den Clicker in die andere Hand. Zeigen Sie dem Hund kurz, was Sie für leckere Sachen haben. Er sollte erwartungsvoll bei Ihnen sein. Am besten halten Sie dann beide Hände hinter dem Rücken. Sie stehen ganz unbeweglich, clicken und

Während des Clicks sollten Sie vollkommen unbeweglich stehen. Nur das Geräusch soll das Leckerchen ankündigen.

geben augenblicklich ein Leckerchen zum Hund. Machen Sie das unabhängig vom Verhalten des Hundes. Er muss sich also nicht setzen oder Sie angucken. Nur sollte er nicht immer dasselbe tun.
Nach dem vorletzten Leckerchen, das Sie verfüttert haben, warten Sie mit dem Click einmal ab, bis der Hund wegschaut. Genau in dem Moment clicken Sie. Blickt er daraufhin erwartungsvoll zu Ihnen, ist die Konditionierung so weit, dass man damit arbeiten kann. Mit jeder weiteren Übung, die man mit dem Clicker macht, wird das ja noch weiter gefestigt. Daher ist es gar nicht nötig, die eigentliche Konditionierung zu lange zu machen.

Die ersten Versuche

Beispiel Aufmerksamkeit:
Stellen Sie eine Schüssel mit sehr guten Leckerchen etwa zwei Meter entfernt von sich außer Reichweite des Hundes, aber so, dass er sie gut wahrnehmen kann. Setzen Sie sich mit dem Clicker in der Hand etwas von den Leckerchen entfernt hin und warten Sie einfach ab. Sobald der Hund Sie ansieht, clicken Sie, gehen zu den Leckerchen und geben dem Hund eins.
Er muss also lernen, von den Leckerchen weg zu Ihnen zu schauen, um an die Leckerchen zu kommen. Sie können dabei testen, ob Ihr Hund den Clicker versteht. Wird er immer schneller darin, zu Ihnen zu gucken, um an die Leckerchen zu kommen? Dann versteht er den Clicker und Ihr Timing ist sehr gut.
Wiederholen Sie diese Übung an vielen verschiedenen Orten und deponieren Sie die Leckerchen auch mal so, dass der Hund sie nicht sieht. Gewöhnen Sie sich gleichzeitig an, die Aufmerksamkeit des Hundes so oft wie möglich zu clicken und dann natürlich auch zu belohnen.
Denn die Aufmerksamkeit des Hundes ist etwas sehr Wichtiges, das wir gar nicht oft genug belohnen können.

Hier bekommt der Hund Click und Leckerchen dafür, dass er von dem Leckerchen weg und zu seinem Menschen hinschaut.

Übungen für den Menschen

Training ist ein Handwerk und der Mensch muss schon über einige trainingsspezifische handwerkliche Fähigkeiten verfügen. Diese übt man am besten ohne Hund. Dann kann man sich nämlich ganz auf sein eigenes Tun konzentrieren und muss nicht noch dazu auf den Hund achten. Beherrscht man die »Trockenübungen«, kann man sich im Training dann gut auf den Hund konzentrieren.

Jedem Click folgt immer ein Leckerchen oder ein anderer primärer Verstärker. Auch, wenn das nicht extra im Text erwähnt wird, sollten Sie immer daran denken. Der Click ist ein Versprechen für den Hund, an das Sie sich halten sollten.

Geschwindigkeit

Versuchen Sie einmal, so schnell wie möglich Leckerchen in eine Tasse zu legen. Die Tasse entspricht jetzt für uns der Hundeschnauze. Stellen Sie sich einen Timer auf 15 Sekunden und versuchen Sie in dieser Zeit, so schnell es geht, ein Leckerchen nach dem anderen in den Becher zu befördern. Wichtig ist dabei, dass Sie das aus einer – ich nenne es – Null-Position heraus machen. Das ist sozusagen die neutrale Körperhaltung, die dem Tier noch nichts über Ihre Absichten verrät. Dafür könnten Sie die Hände vor dem Bauch halten oder auch gerade runterhängen lassen, je nach Vorliebe. Aus dieser Null-Position heraus geben Sie jetzt ein Leckerchen nach dem anderen so schnell es geht in 15 Sekunden.

Versuchen Sie verschiedene Varianten:

- Die Leckerchen sind in einer Leckerchentasche
- Sie liegen offen auf dem Tisch
- Sie sind schon in größerer Anzahl in der Hand
- usw.

Führen Sie diese Übung auch mit unterschiedlichen Leckerchen durch. Wie sieht es zum Beispiel aus mit Trockenfutter oder klein geschnittener Fleischwurst? Ihrer Fantasie sind keine Grenzen gesetzt. So lässt sich Trockenfutter wahrscheinlich besser einzeln aus der Hand füttern, während kleingeschnittene Fleischwurst etwas klebt und nicht so gut zu vereinzeln ist.

Natürlich können Sie diese Übung auch sofort mit dem Hund machen. Der freut sich dann über die kostenlosen Leckerchen. In einer Hundeschule bietet sich diese Übung in der ersten Stunde an. Dadurch lernt der Hund nämlich schon mal etwas sehr Wichtiges: Dieses ist ein toller Ort! Und das soll es ja auch sein.

Trockenübungen ohne Hund können Ihr Training sehr verbessern. Versuchen Sie zum Beispiel, aus einer neutralen Position heraus innerhalb von 15 Sekunden so viele Leckerchen wie möglich in eine Tasse zu legen.

Einen weiteren wichtigen Faktor, den Sie mit Hund zusammen testen können, ist: Wie schnell schluckt der Hund die Leckerchen? Oder muss er erst noch lange darauf herumkauen? Wenn es später um möglichst viele schnelle Trainingsdurchgänge geht, wäre das natürlich etwas hinderlich.

Was ist an dieser Übung so wichtig und weshalb lohnt es sich, sie immer wieder zu üben, selbst, wenn man sich schon sehr geschickt wähnt?

Das Entscheidende fürs Training ist, dass die Hand in so großer Geschwindigkeit zum Hund geführt wird, dass das Leckerchen für den Hund praktisch aus dem Nichts erscheint. Genauso schnell sollte die Hand wieder verschwinden und der Mensch sollte in der Null-Position verharren bis zur nächsten Belohnung.

Das Schöne daran ist, dass es einfach eine Geschicklichkeitsübung ist und jeder darin immer besser werden kann.

Vielleicht verstehen Sie noch gar nicht, warum das so sein soll. Im Moment müssen Sie mir einfach glauben, dass das ein Faktor ist, der darüber entscheidet, ob Sie an einem Verhalten wochenlang oder nur wenige Minuten trainieren.

Schnelligkeit ist wichtig. Die Hand soll für den Hund wie aus dem Nichts erscheinen.

Und jetzt beide Hände

Ein guter Trainer ist mit beiden Händen gleich geschickt. Üben Sie die zuvor beschriebene Übung sowohl mit der rechten als auch mit der linken Hand.

Wir wandeln die Übung jetzt etwas ab, um sie anspruchsvoller zu machen. Sie stellen die Tasse, die die Hundeschnauze darstellt, so auf den Tisch, dass sie schräg hinter Ihnen steht. Können Sie jetzt Leckerchen in die »Schnauze« geben, ohne hinzusehen? Geht das auch wieder sowohl mit der rechten als auch mit der linken Hand?

Arbeiten Sie immer an der Geschwindigkeit. Versuchen Sie Ihren persönlichen Rekord immer wieder zu toppen!

Vielleicht denken Sie auch, dass diese Übung etwas zu gekünstelt ist. Schließlich ist die echte Hundeschnauze ja nicht immer an einem festen Platz. Je nach Übung sollte sie das aber sein.

Und über den Ort der Leckerchengabe entscheiden Sie schließlich, wo die Hundeschnauze ist.

Noch eine Trockenübung: Treffen Sie die »Schnauze«, ohne hinzusehen?

Timing

Das eigene Timing kann man sehr schön mit der Übung »Wann berührt der Ball den Boden?« trainieren.

Nehmen Sie sich dazu einen Flummi, einen schön springenden Gummiball also. Damit funktioniert die Übung am besten. Gehen Sie in einen Raum, wo Sie mit dem Ball nichts umwerfen können und werfen Sie ihn kräftig auf den Boden. Jedes Mal, wenn der Ball den Boden berührt, sollten Sie clicken. Das Geräusch des aufschlagenden Balles und der Click sollten ein

Ton sein. Am Anfang ist das relativ einfach, weil der Ball schön hoch springt und entsprechend lang für die nächste Landung braucht. Gegen Ende wird er immer schneller. Je nachdem wo der Ball anstößt, kann er auch plötzlich seine Richtung ändern und dann ganz unerwartet wieder auf dem Boden sein. Das fördert Ihre Beobachtungsgabe und Ihr Timing.

Viele Menschen sind immer erstaunt, wenn wir mit diesen »Trockenübungen« das Training beginnen. Sie sollten sich klarmachen, dass Training eigentlich ein Handwerk ist, und dazu ist es gut, wenn man seine handwerklichen Fähigkeiten immer wieder verfeinert. Sie werden sehen, dass die Verständigung mit dem Hund sehr dadurch verbessert wird. Jetzt aber wieder zum Hund...

Eine tolle Timingübung: Clicken Sie, wenn der Ball den Boden berührt.

Übung macht den Meister

Für Sie als Neuling im Clickertraining empfehlen sich Übungen, bei denen es im wirklichen Leben nicht so wichtig ist, ob der Hund sie kann oder nicht. Dann können Sie nämlich ganz entspannt arbeiten, ohne sich dem Druck auszusetzen, dass jetzt etwas unbedingt klappen muss. Auf der anderen Seite wollen wir die Trainingszeit aber auch nicht sinnlos vertun, deshalb sind die im folgenden von mir ausgewählten Übungen Grundlagen für viele tolle Dinge.

Targettraining

So, wie es die Delfine lernen, werden wir dem Hund jetzt beibringen, einen Target mit der Nase zu berühren.

Der Hund berührt einen »Target« mit der Nase.

Als Target können Sie sich entweder einen »richtigen« Target besorgen, wie es ihn im Trainingsbedarf zu erstehen gibt, oder Sie nehmen einen Kochlöffel, eine Fliegenklatsche oder etwas in der Art. Der Target sollen einen Griff und ein gut wahrnehmbares Ende haben. Sie können auch einen Bambusstab mit buntem Klebeband am Ende umwickeln, ganz wie es Ihnen gefällt.

»Target«
Das Wort Target kommt aus dem Englischen und bedeutet Ziel. Es ist ein gebräuchlicher Begriff im Tiertraining, weshalb er auch hier verwendet wird. Man kann alles mögliche als Target verwenden. Man kann dem Hund auch beibringen, unterschiedliche Targets mit unterschiedlichen Körperteilen zu berühren. Der Fantasie sind hierbei wieder keine Grenzen gesetzt und die Verständigung wird enorm profitieren.

Vorübung für den Menschen

Bitten Sie einen Freund, einmal mit der Hand den Hund zu spielen. Er soll also jetzt den Target einige Male mit der Hand berühren.

Ihre erste Aufgabe ist es, in dem Moment zu clicken, wenn die Hand den Target berührt (siehe Foto 1).

1

Machen Sie das sozusagen mit links, ist Ihre nächste Aufgabe, nach dem Click den Target hinter Ihrem Rücken verschwinden zu lassen (Foto 2).

2

Klappt auch das gut, können Sie Ihren »Hund« nach dem Click noch füttern, indem Sie ihm eben wirklich ein Leckerchen hinhalten (Foto 3).

3

Haben Sie beim Konzentrieren auf diese neue Aufgabe vielleicht vergessen, den Target nach dem Click hinterm Rücken verschwinden zu lassen? Kein Problem. Wiederholen Sie das einfach noch einige Male: Berührung clicken, Target hinter den Rücken und füttern (Foto 4)

4

Haben Sie den Bewegungsablauf verinnerlicht, dann nehmen Sie den Hund dazu:

- Halten Sie dem Hund den Target kurz vor die Nase. Die meisten Hunde sind von Natur aus neugierig und werden sich diesem Gegenstand mit der Nase nähern. In dem Moment clicken und belohnen Sie den Hund.
- Nehmen Sie nach dem Click den Target hinter Ihren Rücken, damit Sie ihn danach wieder neu präsentieren können. Das erhält die Neugierde des Hundes und vereinfacht Ihnen die Aufgabe.

- Jetzt soll er sich nicht nur nähern, sondern den Target wirklich berühren, um den Click und die Belohnung zu bekommen. Präsentieren Sie dem Hund den Target immer noch in bequemer Reichweite der Nase. Nach dem Click wird der Target wieder entfernt.
- Halten Sie den Target jetzt in verschiedene Positionen, so dass der Hund sich mal bücken, mal aufrichten oder mal nach rechts oder links reichen muss, um den Target zu berühren. Berührt Ihr Hund den Target zuverlässig, ist es Zeit, das entsprechende Wortsignal einzuführen.

Mögliche Kommandos könnten »Touch« oder »Target« sein. Was Sie als Kommando verwenden, ist eigentlich völlig egal. Sie müssen sich dieses Wort nur merken und es sollte sich von anderen Wortsignalen, die der Hund schon kann, unterscheiden.
Bemühen Sie sich außerdem, das Kommando immer im gleichen Tonfall zu geben. Damit erleichtern Sie dem Hund die Verständigung.

Denken Sie daran, dass Ihr Hund einige Zeit braucht, um ein Wortsignal wirklich zu verinnerlichen.

Das Targettraining ist Grundlage für viele tolle Übungen, hier z.B. das Männchenmachen.

...und was man daraus machen kann

Mit dem Targettraining haben Sie dem Hund ein Verhalten beigebracht, das als Vorübung für viele, viele andere Übungen dienen kann. Sie können den Hund damit im wahrsten Sinne des Wortes an der Nase herum führen. Hat der Hund verstanden, dass der Target bedeutet, dass er ihn mit der Nase berühren soll, können Sie immer dort den Target präsentieren, wo Sie die Hundenase haben wollen.

Auf diese Art und Weise können Sie dem Hund zum Beispiel das Gehen an lockerer Leine »erklären«. Führen Sie ihn gewissermaßen mit Target spazieren. Beginnen Sie zunächst in ablenkungsarmer Umgebung und belohnen Sie anfangs jede Berührung. Allmählich machen Sie es dem Hund schwerer, den Target wirklich zu berühren. Er muss also mehr und mehr Schritte gehen.

Der Hund geht mit Target an lockerer Leine.

Im nächsten Schritt wird der Target abgebaut, indem Sie ihn immer weiter in Ihrem Ärmel verschwinden lassen, bis schließlich Ihre Hand vorübergehend den Target ersetzt. Dann wird ein Hand- oder Wortsignal eingeführt, zum Beispiel »Komm mit«, und schließlich auch die Hand als Target abgebaut.

Mit dem Target können Sie dem Hund auch deutlich machen, dass er irgendwo hochspringen soll, dass er durch einen Reifen springen soll, dass er etwas schieben soll, zum Beispiel die Türe zuschieben und vieles andere mehr. Sie können den Target auch im Sport verwenden, z.B. als Bodentarget für die Kontaktzone im Agility oder die Box im Obedience. Seien Sie kreativ und versuchen Sie einfach mal unterschiedliche Dinge. Denken Sie daran, den Hund anfangs häufig zu belohnen, wenn Sie Neues von ihm möchten.

Dieser Hund lernt mit Hilfe eines Targets, eine Tür zu schließen.

Hier habe ich jetzt nur den Nasentarget vorgestellt. Targettraining ist aber noch viel vielseitiger. Man kann jeden Körperteil des Hundes auf einen Target trainieren. Am gebräuchlichsten sind noch die Pfotentargets. Aber hier sind der Fantasie wirklich keine Grenzen gesetzt. Das Schöne am Targettraining ist, dass man sich eine für den Hund leicht verständliche Sprache aufbaut, mit der man ihm später auch kompliziertere Verhalten »erklären« kann.

Freies Formen

Hier stelle ich Ihnen eine nächste Trainingsvariante vor, bei der Sie und Ihr Hund erst einmal einige belanglose, aber durchaus sinnvolle Dinge in Sachen Clickertraining lernen können. Wie immer beginnen wir mit einer Vorübung für den Menschen.

Vorübung für den Menschen

Nehmen Sie sich die Figuren aus einem Mensch-Ärgere-Dich-Nicht-Spiel, zum Beispiel vier rote und vier grüne. Außerdem brauchen Sie wieder ein menschliches »Trainingsopfer«. Dem sagen Sie dann nur, dass es auf dem richtigen Weg ist, wenn es den Click hört und dass es sich so viele Clicks wie möglich verdienen soll.

Für den Anfang machen wir es einfach. Sie möchten, dass Ihr Helfer die Figürchen wie auf dem Foto zu sehen aufstellt. Geben Sie ihm jeweils immer nur eins und führen Sie ihn über die Clicks Stück für Stück zum Ziel, dann reichen Sie ihm das nächste Figürchen und so weiter, bis die Aufgabe gelöst ist.

Hat Ihr »Hund« die Aufgabe vollendet, dann fragen Sie ihn mal, wie er sich dabei gefühlt hat. Hören Sie ihm gut zu und vermeiden Sie, ihm zu erklären, was Sie ihm beibringen wollten. Denn was Ihnen Ihr menschlicher »Trainingshund« erzählt, wird Ihr echter Hund später unter Umständen genau so empfinden. Den können Sie aber leider nicht so genau fragen, also nutzen Sie hier die Möglichkeit.
Das erste Spielchen war vielleicht noch etwas zäh, weil Sie sich beide erst reinarbeiten müssen. Wenn Sie darüber gesprochen haben, wird das nächste schon einfacher gehen. Das Ziel der nächsten Aufgabe finden Sie im folgenden Foto.

Achtung:
Wenn Sie selber einmal »Hund« sein und erleben möchten, wie es Ihrem Hund später so ergeht, dann blättern Sie jetzt nicht um, sondern geben Sie das Buch Ihrem Trainingspartner, damit er sich die Aufgabe auf der nächsten Seite anschauen kann, um Sie dann zu trainieren.

Wenn Sie selbst der Trainer waren, fragen Sie wieder als erstes Ihren »Hund«, wie es ihm während des Trainings ergangen ist.

Das nächste Ziel: Die Figürchen zu zwei Vierecken zusammenzustellen.

Haben Sie nun gefühlt, wie froh man ist, wenn man einen Click bekommt? Haben Sie auch erlebt, wie frustrierend es ist, wenn über eine Weile kein Click kommt? Verlieren Sie die Lust? Werden Sie ärgerlich? So, wie Sie sich fühlen, kann es auch Ihrem Hund ergehen. Und Sie merken, dass es gar nicht so einfach ist, zu erraten, was das Gegenüber von einem will, wenn man nicht sprechen darf. Und Ihr Hund versteht die Sprache ja zunächst nicht, deshalb ist er in genau der gleichen Lage. Merken Sie sich das Gefühl, dann werden Sie später mehr Verständnis für Ihren Hund haben.

Wenn Sie noch einige Aufgaben abwechselnd trainieren möchten, sollten Sie jetzt die nächste Seite mit einem Blatt Papier abdecken und dieses immer nur so weit herunterziehen, dass Sie oder Ihr Trainingspartner die nächste Aufgabe lesen können. Ich gebe Ihnen hier einfach noch einige Ideen, mit denen Sie mit Ihrem Trainingspartner Trainingserfahrungen sammeln können. Vielleicht fallen Ihnen auch selber noch viele weitere Übungen ein. Man kann diese Spielchen gar nicht oft genug spielen. Denn man lernt so viel durch sie!

Aufgabe

Diesmal bekommt Ihr Trainingspartner nur ein Figürchen und Sie bringen ihm nur über die Clicks und möglichst mit Pokerface bei, mit dem Figürchen einen Kreis auf dem Tisch zu »malen«.

Aufgabe
Wieder geht es nur um ein Figürchen und der »Hund« soll lernen, es von einer Hand in die andere zu werfen.

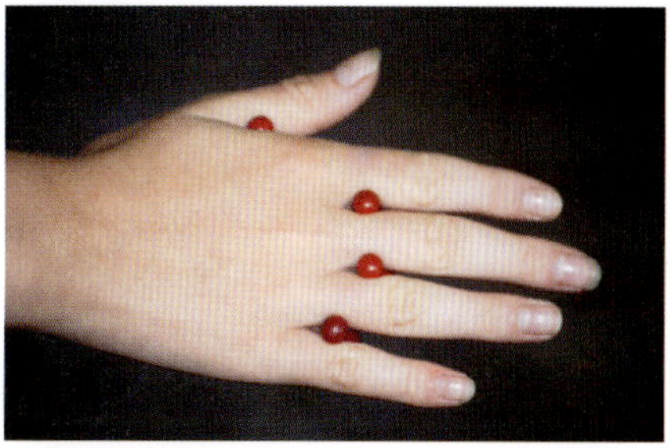

Aufgabe
Jetzt brauchen Sie wieder vier Figürchen, die jeweils zwischen die Finger gesteckt werden sollen, so dass es am Ende wie auf diesem Foto aussieht.

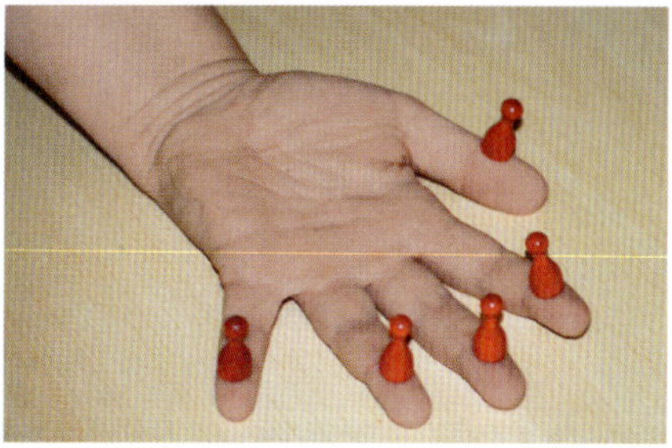

Aufgabe
Jetzt brauchen Sie fünf Figürchen, die jeweils auf den Fingerspitzen abgestellt werden sollen, wie es auf dem Foto rechts zu sehen ist.

Denken Sie bei all diesen Aufgaben daran, am Ende immer erst den »Hund« zu fragen, wie es ihm im Training erging. Denn das ist das eigentlich Spannende an diesen Spielen. Sie werden dabei viel über Ihren wirklichen Hund lernen können.

Freies Formen mit dem Hund

Durch die Spielchen mit Ihrem Trainingspartner sind Sie jetzt bestens auf das Training mit dem Hund vorbereitet. Natürlich wird der jetzt nicht irgendetwas mit Figürchen machen sollen. Für den Hund nehmen Sie sich einen Pappkarton. Setzen Sie sich mit genügend Leckerchen beladen auf einen Stuhl und legen Sie den Pappkarton etwa einen halben Meter vor sich auf den Boden. Clicken Sie alles, was der Hund mit diesem Pappkarton macht. Seien Sie vor allem am Anfang wachsam. Wenn Sie den Pappkarton abstellen, wird der Hund wahrscheinlich schon neugierig gucken, was Sie clicken und belohnen sollten.

Er wird den Karton vielleicht mit der Nase berühren, wodurch er sich wieder einen Click verdient. Sie können ein Belohnungsleckerchen nach dem Click auch einfach mal in den Karton werfen. Wenn der Hund es sich dann nimmt, haben Sie schon wieder eine Möglichkeit zu clicken. Seien Sie einfach kreativ und spielen Sie mit dem Hund und der Kiste. Vielleicht bietet der Hund ja an, mit einer Pfote in die Kiste zu steigen. Das könnte Sie auf die Idee bringen, ihn dahin zu bringen, mit allen Vieren in die Kiste zu steigen. Gucken Sie einfach, was passiert und denken Sie an das, was Sie mit Ihrem zweibeinigen »Hund« gelernt haben, zum Beispiel wie frustrierend es ist, wenn man länger keinen Click mehr bekommt und so weiter.
Vielleicht bietet der Hund auch an, die Kiste umzustülpen und Sie greifen das auf? Lassen Sie weitestgehend den Hund die Vorschläge machen und probieren Sie aus, was sich daraus entwickeln lässt.

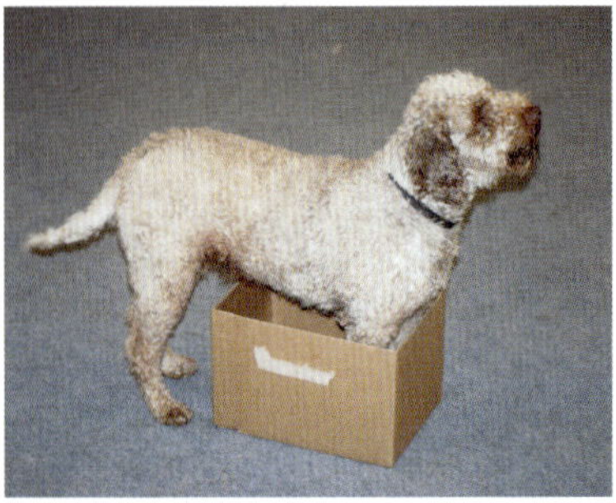

Clicken Sie alles, was der Hund mit dem Pappkarton macht. Wer weiß, was er sich alles einfallen lässt!

Auf jeden Fall sollten Sie beide Spaß haben. Sie beide verstehen die Prinzipien des Clickertrainings mehr und mehr und der Hund lernt außerdem noch, kreativ zu sein und Verhalten von sich aus anzubieten, was vor allem für solche Hunde eine wichtige Aufgabe ist, die schon eine Weile traditionell ausgebildet wurden. Die trauen sich nämlich oft nicht mehr, von sich aus etwas anzubieten, was für das Clickertraining aber eine sehr große Erleichterung ist, weil der Hund dann sozusagen wirklich mitdenkt und seine Einfälle mit einbringen kann. Solche Hunde heißen im Trainingsfachjargon »Cross-Over-Hunde«. Es kann einem also durchaus so gehen, dass man einen nach klassischen Methoden schon sehr gut ausgebildeten Hund hat, der sich mit dieser Übung wirklich schwer tut. Denn so trainierte Hunde warten in der Regel auf ein Kommando, bevor sie etwas tun. Da ist vor allem Geduld wichtig. Und Sie sollten schon die kleinsten Anzeichen einer eigenständigen Bewegung clicken. Der Hund muss also erst gar nicht die Kiste berühren. Es reicht, wenn er seinen Kopf einen Zentimeter bewegt. Cross-Over-Hunde müssen zunächst das Vertrauen entwickeln, dass nichts Schlimmes passiert, wenn sie sich eigenständig bewegen.

Ball spielen

Eine weitere schöne Freies-Formen-Übung ist das Ball spielen. Bringen Sie dem Hund zunächst bei, den Ball mit der Nase zu berühren, dann ihn vorwärts zu bewegen und schließlich in eine bestimmte Richtung zu bewegen.

Das können Sie mit einem relativ kleinen Ball und einem kleinen Tor machen, so wie Oskar es auf dem nächsten Foto zeigt. Sie können jedoch auch einen großen Gymnastikball nehmen und dem Hund beibringen, den ganz gezielt in ein Tor oder – besser noch – immer zu Ihnen zu spielen.

Oskar schießt ein Tor.

... Damon spielt Matz einen Gymnastikball zu.

Einzelne Körperteile ansprechen

Bei den bisherigen Aufgaben waren wir sehr auf das Ziel orientiert. Aber vielleicht haben Sie bei der Aufgabe mit der Kiste schon eine Idee davon bekommen, dass man mit dem Clicker sehr gut einzelne Körperteile, ja sogar einzelne Muskeln ansprechen kann. Da auch das eine schöne Timing-Aufgabe für Sie ist, wollen wir das jetzt speziell angehen.

Setzen Sie sich vor den Hund und clicken Sie ganz gezielt das Anheben einer Vorderpfote. Zunächst ist es nur ein Zucken, das Sie clicken, dann ein Anheben von einem Zentimeter, dann immer mehr, bis Sie die Pfote in der Luft haben. Sie können dabei auf die Pfote gucken, Sie können aber auch auf den Muskel im Bein gucken (siehe Foto).
Wenn Sie das geschafft haben, nehmen Sie sich mal andere Körperteile vor, z.B. ein Hinterbein, z.B. den Kopf, usw. Bei guter Beobachtung und gutem Timing können Sie sehr fein mit dem Hund kommunizieren.

Versuchen Sie sich auf das Bewegen der Muskeln zu konzentrieren.

Den Hund an der Nase herum führen

Mit einem Leckerchen vor der Nase (oder alternativ einem Target) können wir den Hund sehr gut »an der Nase herum führen« und ihm damit zeigen, was wir von ihm haben wollen. Man nennt dies Trainingsform auch Locken.
Wieder ist es der Mensch, der verschiedene Dinge lernen muss. Denn der Hund geht einfach nur dem Leckerchen hinterher – eine seiner leichtesten Übungen.

Abstand zur Hundenase

Jeder kennt es, wenn man zwei Magnete aneinander hält. Es gibt einen Punkt, ab dem man eine Anziehung spürt. Sind die Magnete zu weit auseinander passiert nichts. So ist es auch mit Leckerchen und der Hundenase. Damit die Hundenase wirklich am Leckerchen »angedockt« werden kann, muss der Abstand stimmen. Den müssen Sie also für Ihren Hund bestimmen. Bei manchen Hunden kann man weiter von der Nase wegbleiben, bei anderen muss man näher heran. Auf jeden Fall müssen Sie – wie bei einem Magneten – die Anziehung spüren.

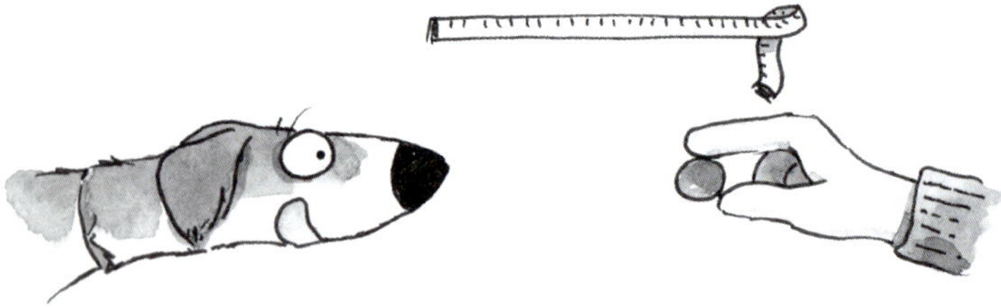

Die richtige Position und Richtung der Lockhand

Wir werden uns bei den vorgestellten Übungen in den ersten Trainingsschritten des Lockens bedienen. Auch das Locken ist eine handwerkliche Fähigkeit, die man etwas üben sollte. Versuchen Sie zum Beispiel einmal, den Hund in ganz unterschiedliche Positionen zu locken. Clicken Sie, sobald er die Position erreicht hat und geben Sie das Leckerchen. Optimal ist es, wenn die Hinterfüße des Hundes dabei wie angeklebt bleiben. Wenn Sie zu viel mit der Hand machen, wird sich der Hund zu viel bewegen und die Hinterbeine werden nicht an einem Ort bleiben. Stimmt die Höhe der Hand nicht, wird der Hund hochspringen. Wann immer der Hund also nicht genau das macht, was Sie sich vorgestellt haben, prüfen Sie die Bewegung Ihrer Lockhand und ändern Sie sie so lange, bis Sie den Hund schön fließend in alle Positionen locken können.

Achten Sie darauf, dass Sie die Handbewegung so gezielt und minimal wie möglich halten. Macht man zu viel, verwirrt man den Hund eher und er wird, anstatt sich zu setzen, anderes Verhalten anbieten.

Clickertraining = Freies Formen?
Für manche Trainer ist das Wort Clickertraining gleichbedeutend mit Freiem Formen. Das muss aber nicht zwangsläufig sein. Clickertraining ist keine genormte Trainingsart und es gibt mindestens so viele kreative Anwendungsmöglichkeiten, wie es kreative Trainer gibt. Da darf man sich nicht verwirren lassen. Allen Clickertrainern sollte nur gemein sein, dass Sie auf Zwang im Training verzichten. Aber auch darauf kann man sich nicht verlassen, wenn man auf der Suche nach einem Trainer ist. Es gilt also immer kritisch zu hinterfragen, wie der Clicker jeweils angewandt wird und sich dann zu entscheiden, ob einem das gefällt oder nicht.

Das Beste aus jeder Variante
Hat man sich mit allen Trainingsvarianten befasst und beherrscht sie gut, kann man sich von jeder das Beste heraussuchen. Kombiniert man z.B. das freie Formen mit dem Locken, kann man schnell von den Lockleckerchen weg kommen, was natürlich ein großer Vorteil gegenüber der Arbeit nur über Locken ist. Man kann dem Hund aber deutlich helfen, so dass er schnell versteht, was gemeint ist, was ein Vorteil gegenüber dem reinen freien Formen sein kann. Seien Sie kreativ und wählen Sie, was für Sie und Ihren Hund das Beste ist.

Trainingspläne

Ein weiteres Detail, das eigentlich alle Clickertrainer anwenden sollten, sind kleinschrittige Trainingspläne. Ursprünglich kommt die Arbeit mit sekundärem Verstärker aus der wissenschaftlichen Arbeit. Da wird nichts dem Zufall überlassen, sondern alles genau geplant und dokumentiert. Außerdem muss ein Training von anderen nachvollzogen werden können. Dazu gibt es die Trainingspläne. Damit weiß jeder genau, was wann trainiert werden sollte, um das Ziel zu erreichen. Natürlich gibt es Varianten. Schließlich haben wir es mit Tieren zu tun, und es kann immer etwas Unvorhergesehenes passieren. Aber auch darauf sollte ein Trainingsplan eingestellt sein. Stellen Sie sich den Trainingsplan wie eine Autokarte bzw. eine Wegbeschreibung vor. Genau wird darin beschrieben, wie man von einem Ort zum anderen kommt und welche Straßen man in welcher Reihenfolge dazu nehmen muss. Nun kann es aber sein, dass eine Straße gerade wegen einer Baustelle gesperrt ist. Dafür gibt es dann eine Umleitungsempfehlung. Und da theoretisch unterschiedliche Straßen gesperrt sein können, kann es auch ganz unterschiedliche Umleitungen geben. Das gleiche gilt für den Trainingsplan.

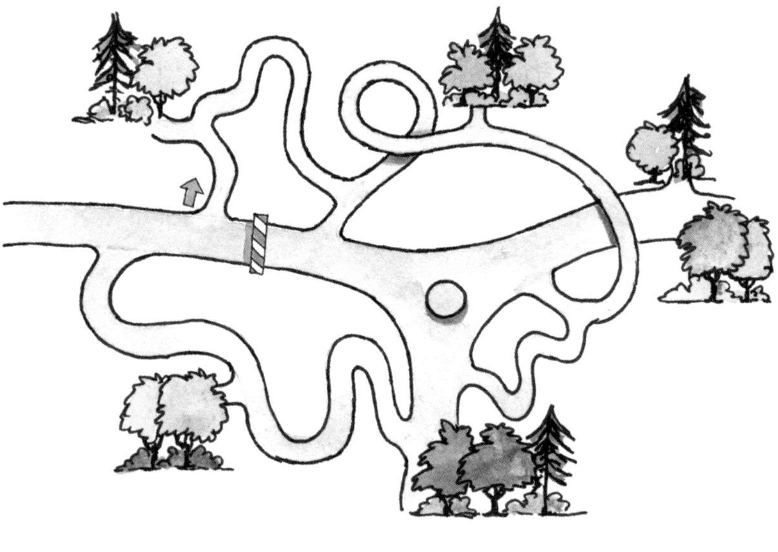

Außerdem kann man sich den Trainingsplan wie eine Leiter vorstellen, auf der man von einer Stufe (Sprosse) zur nächsten geht. Ist der Abstand von einer Sprosse zur nächsten zu groß, sodass man diesen Schritt nicht schafft, so kann man Zwischenstufen einbauen, so dass es dann wieder ganz leicht ist, zur nächsten Stufe zu kommen.
Diese beiden Vergleiche sollten Sie für den Trainingsplan immer im Kopf haben. So wie man sagt: Es führen viele Wege nach Rom, was man auf einer Karte auch gut nachvollziehen kann, so führen auch viele Wege zum Trainingsziel. Ich sage immer: Es gibt tausend Wege zum Ziel. Fünfhundert davon sind tierschutzrelevant, dann bleiben uns immer noch fünfhundert übrig.

Im Folgenden werde ich mich auf ein oder zwei Trainingswege beschränken, weil es sonst zu kompliziert werden würde. Behalten Sie diese Tatsache dennoch im Hinterkopf. Denn der Trainingsweg, den ich hier vorstelle, ist bei weitem nicht der allein gültige, sondern einer von vielen. Es handelt sich dann zwar um meinen Lieblingsweg, mit dem ich schon viele Teams zu schnellen Erfolgen gebracht habe, aber es gibt auch andere gute Wege.
Des weiteren stelle ich die Trainingspläne hier in relativ kleinen Schritten vor, so dass sie von den meisten Hunden nachgearbeitet werden können. Es kann jedoch sein, dass Ihr Hund entweder einige Stufen sehr schnell nimmt oder bei anderen Zwischenschritte braucht. Einige Zwischenschritte sind angegeben. Es gibt jedoch so viele unzählige Zwischenschritte, die man nie alle aufschreiben kann. Sollten Ihnen also Zwischenschritte fehlen, können Sie selber kreativ sein, vielleicht kommen Sie auch auf Ideen. Oder Sie wenden sich an andere Hundehalter oder Trainer.

Bitte überspringen Sie keine Trainingsschritte. Auch wenn Ihnen manche Dinge sehr einfach erscheinen, gehen Sie sie mit dem Hund durch. Denn nur dann können Sie sich am Ende auch sicher sein, dass der Hund das wirklich beherrscht. Und gerade mit den ersten Trainingsschritten werden Grundlagen für viele späteren Dinge gelegt.

Wir bauen damit das Fundament auf. Und wie beim Hausbau gilt: Je stärker das Fundament, desto höher kann man darauf aufbauen. Ist das Fundament schon wackelig, wird man nicht sehr hoch hinaus kommen. Das gilt auch fürs Training.

Nun weiß ich natürlich nicht, wo jeder Leser seinen Ausgangspunkt hat. Vielleicht beginnt mein Trainingsplan weit unter dem, was der Hund schon beherrscht, weil die entsprechenden Übungen schon durchgeführt wurden. Dann können Sie natürlich bei dem Trainingsschritt ansetzen, der dem Können Ihres Hundes entspricht.
Als Faustregel sollte gelten, dass man immer da ansetzen kann, wo der Hund alle vorherigen Trainingsschritte beherrscht und wo man meint, dass er auch beim aktuellen Trainingsschritt erfolgreich sein kann.

Sitz, Platz, Steh – Die wichtigsten Signale

Trainingsplan »Sitz«

Schritt	Was ist zu tun?	Clickpunkt	Futter-punkt	Bemerkung
1	Den Hund mit dem Leckerchen in die Positon locken.*	Sobald der Popo den Boden berührt.	Im Stehen	Der Futterpunkt im Stehen wird gewählt, damit man den Hund in einer guten Ausgangsposition für das nächste Sitzen hat.
2	Gleiche Handhaltung, gleiche Aufgabe, aber ohne Leckerchen in der Hand.	Sobald der Popo den Boden berührt.	Im Stehen	
3	Die Handhaltung in mehreren Schritten zum Sichtzeichen verändern. (siehe Fotoreihe)	Sobald der Popo den Boden berührt.	Im Stehen	

Diese vier Bilder zeigen, wie die Lockhand nach und nach zum Signal umgebaut wird

4	*Schritt 3 an unterschiedlichen Orten innerhalb der Wohnung.*	*Sobald der Popo den Boden berührt.*		*Unterschiedliche Orte können schon die 4 Ecken in einem Zimmer sein.*
5	*»Sitz« sagen vor dem Handzeichen.*	*Sobald der Popo den Boden berührt.*	*Im Sitzen*	
6	*»Sitz« sagen vor dem Handzeichen, wobei der Hund rechts vom Menschen ist.*	*Nachdem Hund eine halbe Sekunde gesessen hat.*	*Leckerchen wegwerfen*	*Werfen Sie die Leckerchen immer so, dass der Hund beim Zurückkommen in der gewünschten Position ist.*
7	*»Sitz« sagen vor dem Handzeichen, wobei der Hund links vom Menschen ist.*	*Nachdem Hund eine halbe Sekunde gesessen hat.*	*Leckerchen wegwerfen*	

8	*»Sitz« sagen vor dem Handzeichen, wobei der Hund noch 2 Schritte rechts entfernt ist.*	*Nachdem der Hund eine halbe Sekunde gesessen hat.*	*Leckerchen wegwerfen*	
9	*»Sitz« sagen vor dem Handzeichen, wobei der Hund noch 2 Schritte links entfernt ist.*	*Nachdem der Hund eine halbe Sekunde gesessen hat.*	*Leckerchen wegwerfen*	
10	*»Sitz« sagen vor dem Handzeichen wobei der Hund hinter dem Menschen ist.*	*Nachdem der Hund eine halbe Sekunde gesessen hat.*	*Leckerchen wegwerfen*	
11	*Schritte 6 bis 10*	*Nachdem der Hund eine Sekunde gesessen hat.*	*Leckerchen wegwerfen*	
12	*»Sitz« sagen vor dem Handzeichen wobei Sie auf einem Stuhl sitzen. So Schritte 6 bis 10 wiederholen.*	*Nachdem der Hund eine Sekunde gesessen hat.*	*Leckerchen wegwerfen*	
13	*Wie Schritt 12*	*Nachdem der Hund zwei Sekunden gesessen hat.*	*Leckerchen wegwerfen*	

*Anmerkung zu Schritt 1: Diesen Schritt sollten Sie nicht öfter als 3 – 4 Mal durchführen, es sei denn Sie üben an einem neuen Ort mit vielen Herausforderungen.

Ich führe den Trainingsplan nicht weiter aus, weil er zu individuell verschieden sein wird. Sie können nämlich je nach Lust und Laune an verschiedenen Aspekten arbeiten. Wir hatten die unterschiedlichen Positionen des Hundes, die man noch weiter ausbauen kann. Dann kamen Ihre unterschiedlichen Körperhaltungen. Auch da können Sie sehr kreativ sein.
Ändern Sie mit den Wiederholungen immer Ihre Körpersprache. Alles muss sich verändern - außer dem Handzeichen, das Sie immer dann geben, wenn der Hund zwei Sekunden nach dem Wort nicht sitzen sollte. Denken Sie auch an den Blickkontakt. Sie sollten den Hund also nicht immer ansehen.
Geben Sie das Signal auch in der Bewegung und nicht nur aus einer stationären Position heraus. Sonst versteht der Hund es später nicht, wenn er sich aus dem Gehen hinsetzen soll.
Damit der Hund die Bedeutung des Signals gut versteht, zögern Sie dann die Gabe des Signals sekundenweise heraus. Sie geben das »Sitz«-Signal, wenn der Hund noch steht und sich nicht schon hinsetzen will. Schließlich wird er bald verstehen, welche Übung sich jetzt gerade lohnt. Die wird er dann vorwegnehmen wollen. Das soll er jedoch nicht. Sollte sich der Hund dennoch setzen, also bevor Sie das Signal gegeben haben, geben Sie einfach nur Ihr Freizeichen und gehen drei Schritte an einen anderen Ort. Sonst machen Sie nichts. Der Hund wird also nicht gelobt, wenn er das Verhalten ungefragt anbietet.
Sie müssen dazu allerdings schnell genug mit dem Signal sein. Höchsten ein von fünf Malen sollte der Hund sich vor Ihrem Signal setzen.
Die bisherigen Trainingsschritte sind immer noch in der Wohnung, also in ablenkungsarmer Umgebung. Üben Sie die Schritte an möglichst vielen unterschiedlichen Orten. Denken Sie dabei daran, dass Sie immer wieder bei Schritt 2 (eventuell sogar bei Schritt 1) beginnen.
In Ihrem persönlichen Trainingsplan könnte also nach Schritt 5 als Schritt 6 kommen: Wie Schritt 2, aber auf dem Spaziergang. Von daher wird jeder seinen ganz individuellen Trainingsplan je nach Gelegenheiten erstellen, die sich bieten.
Nicht nur unterschiedliche Orte müssen trainiert werden, indem Sie an jedem neuen Ort die Trainingsschritte wieder von vorne durchgehen, sondern auch die unterschiedlichen Ab-

lenkungen. Je stärker die Ablenkungen, desto weiter müssen Sie in den Trainingsschritten zurückgehen.
Nehmen wir fremde Hunde als Ablenkung in 50 Metern Entfernung. Sie beginnen bei Schritt 2 und arbeiten sich immer weiter vor, wenn Sie fremde Hunde in diesem Abstand haben. Haben Sie fremde Hunde im Abstand von 10 Metern, beginnen Sie wieder bei Schritt 2, auch wenn Sie bei fremden Hunden in 50 Metern Abstand schon bei Schritt 10 sind.
Ich hoffe, ich konnte Ihnen damit ein Gefühl für den Umgang mit einem Trainingsplan geben. Bedenken Sie, dass für den Hund »Sitz« nie dasselbe wie für uns ist (siehe mehr dazu unter: Hunde lernen kontextspezifisch S. 49). Und es ist Ihre Aufgabe dafür zu sorgen, dass der Hund Erfolg hat. Dafür müssen Sie jeweils bei dem richtigen Trainingsschritt ansetzen. Und dazu müssen Sie nicht nur das Können des Hundes, sondern auch den Ort und die Ablenkung im Blick haben.

Im Training gilt es immer sehr wachsam zu sein. Denn die Faktoren, die den Trainingsschritt bestimmen, können sich jederzeit ändern.

Der gleiche Trainingsplan gilt für das »Platz« und für das »Steh«. Deshalb beschreibe ich hier nur den Anfang, der sich unterscheidet, genauer.

»Platz«

Den Hund mit einem Leckerchen in die Position locken sieht folgendermaßen aus:
Dem stehenden Hund halten Sie das Leckerchen vor die Nase und bewegen Ihre Hand dann zügig in Richtung zwischen die Vorderbeine des Hundes. Die Vorderbeine sollten zuerst einknicken, dann die Hinterbeine und der Hund liegt.

Platz: Der Hund knickt mit Vorderbeinen ein.

Es gibt Hunde, vor allem kleine Hunde, die dabei einfach nur rückwärts gehen und nicht mit den Vorderbeinen einknicken und sich dann hinlegen. Da kann man entweder einen Mittelweg aus Locken und freiem Formen wählen, indem man den Hund mit dem Leckerchen nach unten lockt, aber clickt, wenn sich der Ellbogen nur andeutungsweise anwinkelt. Auf diese Weise formt man den Hund dann Stück für Stück nach unten.
Eine andere Möglichkeit ist das Locken unter den Beinen durch. Dazu setzen Sie sich auf den Boden, docken die Hundenase am Leckerchen an und führen das Leckerchen unter Ihren Beinen durch. Will der Hund dem also folgen, muss er wieder mit den Ellbogen einknicken. Sobald der Hundebauch den Boden berührt, clicken und füttern Sie. Nach einigen Wiederholungen mit Bein, können Sie die Beine zunächst höher halten und schließlich ganz weglassen.

Eine andere Möglichkeit, das Platz zu üben, ist das Locken unter dem Bein durch.

Das waren also Zwischenschritte, die noch vor dem ersten Trainingsschritt des Planes eingebaut werden können, wenn das notwendig ist.

»Steh«

Den Hund mit einem Leckerchen in die Position locken sieht folgendermaßen aus:
Dem sitzenden oder liegenden Hund halten Sie ein Leckerchen vor die Nase und ziehen die Hand ein klein wenig nach hinten und oben. Ihre Bewegung sollte so gering sein, dass der Hund zwar aufsteht, aber keinen Schritt machen muss, um an das Leckerchen zu kommen. Versuchen Sie das zunächst ruhig einige Male, sowohl aus dem Sitz als auch aus dem Platz. Ihre Bewegung ist dann richtig, wenn der Hund weder vorgehen noch hochspringen muss, um ans Leckerchen zu kommen.

Dann geht es sinngemäß weiter wie im obigen Trainingsplan beschrieben.

Den Hund ins »Steh« locken.

Hunde lernen kontextspezifisch

Dieser kleine Satz ist entscheidend wichtig im Hundetraining. Er bedeutet, dass Hunde bestimmte Dinge wie zum Beispiel Verhalten oder Signale mit einem bestimmten Kontext verknüpfen. Zum Kontext gehören: Tageszeit, Trainingsort, Stimmung des Menschen, mögliche Ablenkungen wie andere Hunde, andere Menschen, Autos, Tiere und vieles andere mehr.
Das ist eine für die meisten Menschen nur sehr schwer zu verstehende bzw. umzusetzende Tatsache. Sie bedeutet nämlich Folgendes:
Sind Sie mit Ihrem Hund zum Beispiel beim Training des »Sitz« bei Schritt 20, heißt das nicht, dass der Hund das Signal ab dann überall und für immer kann. So wäre es mit einer Vokabel beim Menschen. Wenn wir einmal gelernt haben, dass »agricola« »Bauer« heißt, dann können wir das auch an anderen Orten und auch unter vielen verschiedenen Umständen, wenn sie nicht gerade sehr extrem sind. Vielleicht gehörten Sie auch zu denjenigen, die früher bei Vokabeltests die Wörter vor lauter Stress nicht mehr wussten. Das wäre so ein extremer Umstand.
Das, was für den Menschen nur in extremen Situationen gilt, nämlich dass ihm dann ein bestimmtes Wort nicht mehr einfällt, gilt bei Hunden in jedem neuen Kontext. Das bedeutet, dass Sie die Trainingsschritte immer dem Können des Hundes anpassen müssen. Sind Sie zum Beispiel bei Ihnen zuhause in der Küche bei Schritt 13, kann es sein, dass Sie im Wohnzimmer Schritt 9 nehmen müssen, damit der Hund erfolgreich ist, im Garten vielleicht Schritt 5 und unter starker Ablenkung vielleicht Schritt 1. Ja genau: Es gibt Situationen, da können Sie dem Hund ruhig noch mal mit Leckerchen vor der Nase an die Position erinnern.
Je besser Sie als Trainer werden, desto flexibler müssen Sie in der Wahl der Trainingsschritte werden. Denn dann werden Sie es immer häufiger schaffen, den Schritt zu wählen, den der Hund in der entsprechenden Situation auch mit Erfolg ausführen kann.
Machen Sie sich am besten ein Lesezeichen an diese Stelle des Buches, damit Sie diese Seite immer wieder lesen. Wenn Sie das Prinzip richtig verstehen und umsetzen, dann werden Sie ein erfolgreicher Trainer. Aber es ist – wie gesagt – gar nicht

so einfach. Wir haben so viele wirklich tolle Trainer in unserer Tierakademie. Aber auch da passiert es regelmäßig, dass sie etwas zeigen wollen und bei demselben Trainingsschritt starten, den sie zuhause auch durchgeführt haben. Das kann gar nicht klappen. Es ist ein anderer Ort, es sind viele andere Hunde und Menschen da, vielleicht sogar noch ziemlich nah, und so weiter. Aber trotz langer Trainingserfahrung passiert das immer wieder.
Eine Hundehalterin, die dieses Prinzip wirklich verstanden hatte, hat es aber einmal sehr schön ausgedrückt: »Die Leute waren immer erstaunt, wie toll mein Hund gehorchte. Dabei habe ich nur gelernt, wann ich ihm welche Signale geben kann.« Und eben das ist das A und O eines guten Trainings.
Ein gut ausgebildeter Hund wird zwar die Signale mehr und mehr verallgemeinern, sodass er sie an immer mehr Orten und unter immer mehr Umständen ausführen kann und Sie nicht jedes Mal bei Schritt 1 anfangen müssen.
Dennoch müssen Sie das immer im Kopf haben. An jedem neuen Ort und in jeder neuen Situation sollten Sie sich zunächst einmal etwas an das Können des Hunden herantasten, indem Sie bei einem deutlich niedrigeren Trainingsschritt beginnen als das, was der Hund eigentlich schon kann und sich dann langsam dahin arbeiten.

Signale - Wie sag ich's meinem Hund

Es lohnt, sich einige Gedanken zu den Signalen zu machen. Eigentlich empfehle ich sogar, dass sich jeder Hundehalter ein »Vokabelheft« anlegen sollte, in dem er aufschreibt, was welche Handzeichen oder Wortsignale genau zu bedeuten haben.
»Sitz« zum Beispiel oder der erhobene Zeigefinger von egal welcher Hand bedeutet, dass der Hund sich da, wo er sich gerade befindet, wenn er das Signal wahrnimmt, hinsetzt, unabhängig davon, was ich gerade mache oder was noch in der Umgebung passiert.
Dieses Vokabelheft ist etwas sehr Individuelles. Denn jeder muss für sich entscheiden, welche Signale er geben möchte und was sie zu bedeuten haben. So könnte man auch defi-

nieren: Der erhobene Zeigefinger der rechten Hand bedeutet, dass der Hund sich hinsetzt. Der erhobene Zeigefinger der linken Hand bedeutet, dass er rückwärts geht.
Auch das Verhalten, was man auf ein Signal hin haben will, muss jeder für sich entscheiden. Für viele Hundehalter bedeutet »Sitz«, dass der Hund irgendwie seinen Hintern auf den Boden bewegt. Für Trainer im Obedience, einer Sportart, in der es um guten Gehorsam und exaktes Training geht, kann »Sitz« heißen: Knicke mit deinen Hinterbeinen ein, so dass der Hintern auf den Boden kommt, die Hinterfüße dabei jedoch an Ort und Stelle bleiben, ohne sich nach vorn zu bewegen.
Was man sich für sich und seinen Hund ausdenkt, ist freie individuelle Entscheidung. Man sollte nur – wenn man sich entschieden hat – bei dem Signal und der Bedeutung bleiben, um den Hund nicht zu verwirren.
Ein »Komm« sollte also nicht einmal heißen »Komm auf einen Meter an mich heran und dann ist gut« und einmal »Komm her und setz dich schön vor« und einmal »Lauf neben mir«. Macht man sich keine Gedanken über Signale und deren Bedeutung, kann das jedoch schnell so passieren.

Konsequenz bedeutet nicht Strenge, sondern dass ein Signal immer die gleiche Bedeutung hat.

Zuverlässiges Verhalten auf Signal

Wenn ich möchte, dass mein Hund nahezu 100%ig auf mein Signal reagiert, dann muss ich das auch so trainieren. Was heißt das? Der Hund sollte zuverlässig die Verknüpfung herstellen, dass ein Signal ein bestimmtes Verhalten auslöst. Das ist nur der Fall, wenn nach dem Signal auch zuverlässig das Verhalten kommt. Und genau da sind Sie gefordert.

Man gibt ein Signal nur, wenn man hundert Euro verwetten würde, dass der Hund es auch ausführen wird.

Geben Sie nämlich ein Signal, z.B. »Komm«, und der Hund kommt nicht, dann lernt er auch, dass er bei diesem Signal nicht kommen muss, weil sich eben genau in dem Moment eine solche Verknüpfung im Gehirn bildet. Das hat dann nichts mit Sturheit oder Dominanz zu tun, sondern der Hund lernt einfach, dass das auch eine Möglichkeit ist. Und das sollte er am besten gar nicht lernen. Daher die oben genannte Regel. Schaffen Sie es, sich an diese Regel zu halten, bekommen Sie einen Hund, der nahezu 100%ig Ihre Signale befolgt. Ich schreibe nahezu, weil »Hunde auch nur Menschen sind« und jeder macht mal Fehler.

Diese Regel beinhaltet auch, dass man ein Signal nur ein einziges Mal gibt. Wiederholen Sie ein Signal also nicht. Sollte der Hund nicht auf das Signal reagieren, müssen Sie sowieso etwas ändern, das heißt im Trainingsschritt zurückgehen. Ändern Sie also den Trainingsschritt, gehen Sie auch drei Schritte an einen neuen Ort und damit in einen neuen Kontext und versuchen Sie es dann nochmal, aber nur, wenn Sie jetzt ziemlich sicher sind, dass es klappen wird.

Denn nochmals: Dass ein Hund nicht zuverlässig folgt, hat nichts mit Dominanz zu tun, sondern ist noch nicht genügendes oder falsches Training. Man kann dem Hund eine solche Unzuverlässigkeit regelrecht antrainieren. Das macht natürlich niemand mit Absicht. Aber Hunde lernen immer, nicht nur dann, wenn wir wollen, dass sie etwas lernen.

Hunde lernen immer, nicht nur dann, wenn wir wollen, dass sie etwas lernen.

Der Name des Hundes

Was für uns der Name ist, ist für den Hund nichts weiter als eines von vielen Signalen, die von uns kommen. Daher lohnt es sich, sich einige Gedanken dazu zu machen. Schreiben Sie doch einmal eine Woche lang auf, zu welchen Gelegenheiten Sie den Namen des Hundes sagen. Vielleicht geht es Ihnen wie vielen: Mal rufen Sie den Hund mit Namen, mal ist es eher ein Abbruchsignal, wenn Sie mit ihm schimpfen, und mal ist es ein Signal, dass der Hund aufmerksam sein soll.

Es bleibt natürlich wieder Ihnen überlassen, welche Bedeutung Sie dem Signal »Name« zukommen lassen. Aber zum besseren Verständnis für den Hund sollte es nur eine Bedeutung haben. Das, was unserer Bedeutung des Namens am nächsten kommt, ist der Name als Aufmerksamkeitssignal.

Das heißt, wenn der Hund den Namen hört, soll er gucken, sonst nichts. Danach können dann andere Signale kommen, die ihm sagen, was er außerdem machen soll.
Der Name sollte für den Hund immer mit Angenehmem verbunden sein. Lassen Sie also in den allermeisten Fällen dem Namen etwas Angenehmes folgen. Das kann ein Leckerchen, ein Abbiegen auf die Hundewiese oder ein weiteres über die positive Verstärkung trainiertes Signal sein.

Der Name soll ein Signal für Aufmerksamkeit sein.

Verwenden Sie den Namen nie für den Hund unangenehme Dinge. Hasst Ihr Hund es zum Beispiel, geduscht zu werden, dann gehen Sie kommentarlos hin und holen ihn und sagen nicht seinen Namen.
Wollen Sie mal mit dem Hund schimpfen, was – worauf auf S. §§§ noch genauer drauf eingegangen wird – eher uns hilft als der Situation, dann verwenden Sie keinen Namen. Das schöne Wort »Köter« eignet sich sehr gut zum Schimpfen.(Nicht, dass ich hier falsch verstanden werde: Ich empfehle das Schimpfen nicht. Es ist aber nur allzu menschlich und es braucht seine Zeit, bevor man das überwunden hat. Und bis dahin sollte man den Hundenamen nicht in solchen Situationen verwenden.)

Unterschiedliche Namen für unterschiedliche Anlässe

Hat man den Namen in seiner Bedeutung als Signal verstanden, kann man noch ganz andere Dinge damit machen. So empfehle ich allen Lehrern, die ihren Hund mit in die Schule nehmen oder sonstige mit dem Hund mit Menschen arbeitenden Personen, dem Hund einen Arbeitsnamen zu geben.

Dann heißt der Hund in der Schule eben nicht Benny, sondern Luka. Denn auch wenn Sie den Namen als Signal verstanden haben, haben die meisten anderen Menschen das ja noch lange nicht. Und damit der Hundename in solchen Situationen nicht abstumpft, kann man sich auch mit dieser Lösung helfen.

Gehen an lockerer Leine

Das Signal für das Gehen an lockerer Leine ist praktischerweise die Leine selber. An der Leine soll der Hund selbstverständlich nicht ziehen. Trainiert man das Gehen an lockerer Leine, muss man darauf achten, dass man sich in der anderen Zeit des Tages dieses Training nicht selbst sabotiert, indem man unerwünschtes Verhalten, nämlich das Ziehen an der Leine, belohnt. Jeder denkt bestimmt: Aber wer belohnt schon Ziehen an der Leine? Leider fast jeder. Man darf nicht nur Leckerchen als Belohnung sehen. Die gibt wohl in der Tat niemand seinem Hund fürs Ziehen. Aber eine ganz wichtige Belohnung ist für den Hund, dass er dahin kommt, wo er hin will. Zieht er also zum Wasser und man geht mit, belohnt man das Ziehen. Zieht er zu seinem Hundefreund und man geht mit, weil man sich mit dessen Besitzer nett unterhalten will, belohnt man das Ziehen. So gibt es den ganzen Tag viele Situationen, wo das Ziehen immer wieder belohnt wird, wenn man nicht darauf sensibilisiert und wirklich achtsam ist.

Achten Sie darauf, die Leine bewusst locker zu halten, so wie hier in dieser Begrüßungssituation.

Der Hund sollte sich außerdem gar nicht daran gewöhnen, dass die Leine angespannt ist. Das setzt voraus, dass der Hundehalter auch bewusst immer wieder die Leine nachgibt und nicht von sich aus Spannung hält, wie es unbewusst oft gemacht wird.

Das Ziehen an der Leine vermeidet man durch Vorausschauen. Wenn ich weiß, dass der Hund an der Hecke schnüffeln will, kann ich ja kurz vorher seine Aufmerksamkeit abfragen und mit ihm an lockerer Leine zur Hecke laufen.
Es gibt einige Möglichkeiten, um das Ziehen an der Leine in Momenten, die noch nicht trainiert sind, zu vermeiden:
Entweder man nimmt den Hund auf den Arm, was natürlich nur bei jungen oder kleinen und eben entsprechend leichten Hunden geht. Oder man macht die Leine ab. Das geht nur, wenn die Umgebung für den freilaufenden Hund sicher ist. Man kann den Hund an ein Leckerchen oder Spielzeug andocken, um eine schwierige Situation an lockerer Leine zu meistern.
Oder man läuft so schnell, dass die Leine gar nicht stramm werden kann. Noch eine Möglichkeit ist es, eine so lange Leine zu verwenden, die gar nicht stramm werden kann.

Gelernt ist gelernt!

Alleine das konsequent umzusetzen würde schon ausreichen, damit der Hund das Gehen an lockerer Leine lernt. Allerdings ist die Konsequenz in der Regel etwas, was für den Hundehalter sehr schwierig ist. Sie ist allerdings für das Lernen des Hundes unerlässlich. Um dem Menschen da etwas entgegen zu kommen, empfehlen wir immer eine zweifache Anschnallmöglichkeit für die Leine. Entweder ist die Leine am Halsband fest, wenn man konsequent sein will und wenn man keine Lust mehr dazu hat, wird umgeschnallt aufs Geschirr. Oder – wenn man den Hund nur am Geschirr führen will – befestigt man die Leine vorne an der Brust, wenn man konsequent ist und hinten am Rücken, wenn man keine Lust mehr dazu hat. In beiden Fällen ist der Hund dann am Geschirr so angeschnallt, dass es ungefährlich ist, wenn er etwas zieht. So kann der Mensch dann zwischendurch auch mal entspannen.
Vorsicht in dem Zusammenhang mit Ausziehleinen. Zum einen lernt der Hund damit das Ziehen. Zum anderen können die ganz schön gefährlich sein. Wer schon einmal einen Hund in Panik hat wegrennen gesehen, mit der hinterherkommenden Ausziehleine, wird eine solche bestimmt nicht wieder verwenden.
Man kann allerdings zusätzlich zu oben aufgeführten Maßnahmen das Gehen an lockerer Leine auch noch trainieren, damit der Hund es viel schneller versteht. Hier also eine Möglichkeit dazu:
Bewaffnen Sie sich am Anfang mit richtig guten Leckerchen. Beginnen Sie in einer ablenkungsarmen Umgebung. Die Leine sollte zwei bis drei Meter lang sein.

Schritt	Was ist zu tun?	Clickpunkt	Futterpunkt	Bemerkung
1	*Den Hund anleinen und losgehen.*	*Den ersten Schritt des Hundes, weil dann die Leine noch locker ist.*	*Entgegengesetzt zum Clickpunkt.**	*Seien Sie gerade bei stürmischen Hunden sehr schnell, damit Sie die lockere Leine noch erwischen.*
2	*Mit dem Hund an der Leine in gerader Linie losgehen.*	*Den zweiten Schritt des Hundes an lockerer Leine.*	*Entgegengesetzt zum Clickpunkt.**	*Höchsten 1 von 5 Malen sollte die Leine stramm werden und Sie bleiben kommentarlos stehen. Sonst heißt es einen Schritt zurück.*

3	Mit dem Hund an der Leine in gerader Linie losgehen.	Im Durchschnitt nach drei Schritten an lockerer Leine.**	Entgegengesetzt zum Clickpunkt.*	
4	Auf einen Helfer mit Lockmittel zugehen.	Im Durchschnitt nach drei Schritten an lockerer Leine.**	Entgegengesetzt zum Clickpunkt oder beim Helfer.	Der Helfer muss die Stärker der Ablenkung so dosieren, dass der Hund Erfolg haben kann.
5	Auf einen Helfer zugehen, der die Ablenkung nach Können des Hundes mehr und mehr steigert.	Im Durchschnitt nach drei Schritten an lockerer Leine.**	Entgegengesetzt zum Clickpunkt oder beim Helfer.	Bleibt die Ablenkung gleich, kann die Schrittzahl erhöht werden. Wird die Ablenkung schwerer, wird die Schrittzahl weniger.
6	Rechte und linke Winkel einbauen.	Wenn die Leine im Winkel locker ist.	Entgegengesetzt zum Clickpunkt.	

*Der Futterpunkt entgegengesetzt zum Clickpunkt: Hat der Hund die Tendenz, zu schnell vor seinen Menschen zu laufen, dann wird nach dem Click so weit es geht hinten gefüttert. Clickt man dann den ersten Schritt des Hundes, kann er in der Zeit ja noch nicht zu weit vorne sein, dann wird er in der Position gefüttert. Er muss sich also nicht anstrengen, um ans Leckerchen zu kommen. Damit lernt der Hund mit der Zeit, dass der beste Platz neben seinem Menschen ist.

*Entsprechend gilt es, wenn der Hund zu weit hinten bleibt. Dann wird so weit es geht vorne gefüttert. Der Futterpunkt ist also immer entgegengesetzt zu der Stelle, an der sich der Hund befindet, wenn geclickt wird. Je näher er der optimalen Stelle ist, desto näher ist auch der Futterpunkt.

** Bei allem, was immer länger oder weiter geht, sollte man sich angewöhnen, variabel zu sein und somit für den Hund nicht berechenbar. Kann der Hund also schon drei Schritte an lockerer Leine, dann sollte hin und wieder auch der erste Schritt geclickt werden. So lernt der Hund, dass bei jedem Schritt ein Click kommen könnte, was sehr motivierend ist. Macht man es hingegen immer schwieriger, kann das der Hund durchschauen lernen und mit der Zeit an Motivation einbüßen.

Bei dem oben beschriebenen Trainingsweg wird mit Helfer gearbeitet. Das kann das Training enorm beschleunigen, setzt aber natürlich voraus, dass man einen Helfer hat, der entsprechend instruiert ist und das auch umsetzen kann. Zur Not geht es aber auch ohne Helfer. Dann stellt man eben eine Futterschüssel an die Stelle mit unterschiedlich guten Belohnungen oder unterschiedlich gute Spielzeuge. Für die steigende Ablenkung kann man mit Spielzeugen etwas kreativ sein. Dann kann man das Spielzeug an einem umgelenkten Seil auch selber bewegen und damit die Ablenkung steigern.

Das muss der Helfer können:
Der Helfer muss ein Gefühl für das passende Maß an Ablenkung entwickeln. Die Ablenkung sollte nur so stark sein, dass der Hund auch weiter an lockerer Leine gehen kann, aber den Hund dann natürlich auch immer weiter herausfordern.
Sollte der Hund doch mal in die Leine springen, war die Ablenkung zu stark. In dem Fall geht der Hundeführer wieder einige Schritte vom Helfer weg und der Helfer dreht sich mit der Belohnung ohne weiteren Kommentar einfach still weg.

Der Trainingsplan ist – so wie er oben steht – natürlich noch lange nicht beendet. Jetzt gilt es, das Training an unterschiedlichen Orten durchzuführen. Je mehr Ablenkung Sie durch den Helfer oder Ihre eigene Kreativität schon im Training eingebaut haben, desto leichter werden Ablenkungen im wirklichen Leben sein. Seien Sie da also entsprechend kreativ. Die Einfälle können gar nicht verrückt genug sein.
Hier einige Beispiele, die auch für die anderen Übungen als Ablenkungen verwendet werden können:

- Fliegende Leckerchen oder Spielzeuge
- Ein an der Reizangel hüpfendes Spielzeug
- Ein ferngesteuertes Auto
- Seifenblasen
- Luftballons, am besten mit etwas Gas gefüllt, damit sie gerade schweben und dann ein Gebläse dazu

Das Rückrufsignal

Das ist eines der wichtigsten Signale überhaupt und entsprechend sorgsam sollten Sie im Training sein. Das beginnt schon bei der Signalauswahl. Wählen Sie ein Wort oder einen Pfiff, auf jeden Fall ein Signal, das Ihnen nicht automatisch aus dem Mund kommt. Sie sollten es nämlich immer mit Bedacht anwenden.

Mit dem Rückrufsignal möchte ich Ihnen den Aufbau einer Verhaltenskette vorstellen. Eine Verhaltenskette besteht aus mehreren Teilen und eine clevere Trainingsvariante ist, wenn man sie von hinten aufbaut. Die Verhaltenskette des Rückrufes besteht aus den einzelnen Schritten, die der Hund zu Ihnen läuft und dem Berühren Ihrer Hand als Target.

Es lohnt sich, zwei Rückrufsignale zu haben. Eines sozusagen für den Alltag und ein Trainingssignal, das Sie nur anwenden, wenn Sie sich der Reaktion des Hundes entsprechend sicher sind.

Schritt	*Was ist zu tun?*	*Clickpunkt*	*Futterpunkt*	*Bemerkung*
1	*Trainieren Sie eine spezielle Handhaltung als Target. (siehe S. 61)*	*Sobald der Hund den Target, also die Hand, berührt.*	*Bei Ihnen.*	*Der Hund ist hierbei noch in Ihrer unmittelbaren Nähe.*
2	*Entfernen Sie sich einen Schritt vom Hund, bevor Sie ihm den Target präsentieren.*	*Sobald der Hund den Target, also die Hand berührt.*	*Bei Ihnen.*	
3	*Entfernen Sie sich immer mehr Schritte, bevor Sie dem Hund den Target präsentieren.*	*Sobald der Hund den Target, also die Hand berührt.*	*Bei Ihnen.*	*Steigern Sie den Abstand zu Ihnen langsam und variabel.**
4	*Wenn der Hund zehn Schritte gut kommt, wenn Sie den Target präsentieren, fügen Sie kurz davor Ihr Signal ein.***	*Sobald der Hund den Target, also die Hand berührt.*	*Bei Ihnen.*	*Wiederholen Sie das mindestens hundert Mal auf diese einfache Weise, also auch ohne Ablenkung.*
5	*Geben Sie Rückrufsignal, dann Target unter immer steigernden Ablenkungen.****	*Sobald der Hund den Target, also die Hand berührt.*	*Bei Ihnen.*	
6	*Geben Sie das Rückrufsignal nun ohne Target.*	*Sobald der Hund auf dem Weg zu Ihnen ist.*	*Bei Ihnen.*	

*Ein Kriterium, ob Sie den Abstand und damit die Schwierigkeit der Aufgabe richtig gewählt haben, ist das PENG (siehe S. 10). Der Hund sollte also immer sofort und zügig auf Sie zugelaufen kommen und den Target berühren, sobald Sie ihn präsentieren.

**Hier ist die Reihenfolge wichtig. Geben Sie erst Ihr Rückrufsignal, dann atmen Sie nochmal durch und dann präsentieren Sie den Target. Auf diese Weise wird der Hund lernen, dass das Rückrufsignal den Target ankündigt und gar nicht mehr darauf warten.

***Ideen für Ablenkungen im Rückruftraining:

- Ein Helfer spielt mit einem Ball (nur so stark, dass der Hund erfolgreich ist)
- Ein Helfer zeigt dem Hund langweilige Leckerchen.
- Ein Helfer zeigt dem Hund bessere Leckerchen, die der Hund dann von Ihnen bekommt, wenn er auf das Signal reagiert.
- Ein anderer Hund ist in fünf Metern Abstand.
- Ein anderer Hundehalter spielt mit seinem Hund in fünf Metern Abstand (Als Belohnung kann man auch das Spielen mit dem anderen Hund wählen, wenn das möglich ist.)
- Spielzeuge werden in die Richtung geworfen, aus der Sie den Hund abrufen.
- Ein anderer Hund wird im Abstand genau in die andere Richtung abgerufen.

... usw.

Rückwärtsaufbau der Verhaltenskette: Zunächst berührt der Hund den Target ...

... dann muss er mehr und mehr Schritte laufen, bevor er den Target berühren kann.

Achten Sie später darauf, dass Sie das Rückrufsignal nicht immer in der gleichen Situation geben, z.B. wenn Ihnen jemand entgegen kommt. Sonst lernt der Hund, dass das das Signal dafür ist, dass jemand entgegen kommt. Seien Sie also immer kreativ und üben Sie das Signal an vielen verschiedenen Orten und in vielen verschiedenen Situationen.

»Aus«

Wilde Zerrspiele machen den Hunden sehr viel Spaß, sind jedoch nur durchführbar, wenn der Mensch letztendlich die Kontrolle über das Spielzeug hat. Daher ist ein »Aus«-Signal sinnvoll. Bei diesem Signal soll der Hund ausspucken, was er im Maul hat.
Das Signal ist auch nützlich, wenn der Hund etwas gefunden hat, von dem wir nicht wollen, dass er es ins Maul nimmt. Hier jedoch Vorsicht! Sie dürfen das Signal erst anwenden, wenn Sie auch wirklich hundert Euro verwetten würden, dass der Hund den Gegenstand hergibt (siehe S. 51). Sie müssen das also entsprechend gut trainiert haben, bevor sie es in einer solchen Situation verwenden. Bis dahin ist jedes Ignorieren des Hundes, wenn er etwas ins Maul genommen hat, am besten, wenn Sie ihm nicht beibringen wollen, dass er alles herunterschluckt.
Für diese Übung brauchen Sie ein Lobwort (siehe S. 84), damit Sie mal sehen, dass man nicht vom Clicker abhängig sein muss. Denn die Hände werden Sie voll haben. Alternativ können Sie auch mit dem Fuß clicken, wenn Sie einen Knopfclicker haben. Sie sehen, mal muss in manchen Situationen kreativ sein.

Schritt	*Was ist zu tun?*	*Clickpunkt*	*Futterpunkt*	*Bemerkung*
1	*Sie spielen mit dem Hund und »frieren dann ein«.**	*Hier Lobwort: Sobald der Hund das Spielzeug loslässt.*	*Hier wird statt Futter weiter gespielt.*	*Wiederholen Sie den Schritt, bis der Hund zügig das Spielzeug loslässt, wenn Sie einfrieren.*
2	*Sagen Sie »Aus« eine Sekunde bevor Sie einfrieren.*	*Sobald der Hund das Spielzeug loslässt.*	*Weiterspielen*	
3	*Spielen Sie immer wilder, bevor Sie leise »Aus« sagen.*	*Sobald der Hund das Spielzeug loslässt.*	*Weiterspielen*	*Nur beim letzten Mal, wenn Sie aufhören wollen, gibt es nach dem Lobwort ein Leckerchen.*
4	*Geben Sie dem Hund einen langweiligen Kauknochen und sagen Sie »Aus«.*	*Sobald der Hund den Kauknochen loslässt.*	*Weg vom Kauknochen.*	*Nehmen Sie als Belohnung möglichst immer etwas Besseres als das, was der Hund loslassen soll.*

5	*Geben Sie nach und nach bessere Sachen, bevor Sie »Aus« sagen.*	*Sobald der Hund, das, was er im Maul hat, loslässt.*	*Weg von dem, was der Hund im Maul hatte.*	
6	*Steigern Sie immer weiter die Herausforderungen.*	*Sobald der Hund loslässt, was er im Maul hat.*	*Wie oben.*	

*Einfrieren: Versuchen Sie schon während des Zerrspiels so viel wie möglich von dem Zerrspielzeug zu greifen, so dass gar nicht mehr viel davon herumhängt. Wenn Sie das erreicht haben, halten Sie das Spielzeug fest an Ihren Körper und bewegen sich nicht mehr. Sehen Sie den Hund dabei nicht an. Werden Sie einfach zu einem Eisklotz. Jeder Hund lässt irgendwann los, weil ihm das einfach zu langweilig ist - und genau diesen Moment müssen Sie mit dem Lobwort markieren.

Seien Sie bei den Herausforderungen vorsichtig. Steigern Sie diese nur so weit, wie Sie sich sicher sind, dass es auch klappen wird. Denn sonst animieren Sie den Hund zum schnellen Runterschlucken und er wird sich seine Belohnung immer selber nehmen.

Je mehr Sie vor dem Einfrieren vom Spielzeug gepackt haben, desto langweiliger ist es für den Hund, »ohne Sie« weiterzuspielen.

Diese Trainingsvariante geht natürlich nur für junge oder kleine Hunde, denn bei großen starken Hunden wird das Einfrieren schwierig. In dem Fall setzen Sie bei Schritt 4 ein, allerdings noch ohne das Signal zu geben. Das wird erst eingeführt, wenn der Hund die Übung beherrscht.

Achtung: Sollten Sie einen Hund haben, der aggressiv ist, wenn er etwas im Maul hat, trainieren Sie das nicht wie vorgeschlagen, sondern suchen Sie sich einen verhaltenstherapeutischen Tierarzt.

»Bleib«

Der Hund soll lernen, dass er in einer Position bleibt, die er auf unser Signal hin eingenommen hat (z.B. Sitz, Platz oder Steh), bis diese Position von uns beendet wird. Er sollte sie nie von sich aus beenden. Bisher hatten wir in den jeweiligen Positionen nur bis zwei Sekunden trainiert, dann kam schon der Click und die Übung wurde beendet.
Achten Sie bitte auch im täglichen Leben darauf, dass der Hund die von Ihnen geforderten Positionen nicht von sich aus beendet. Das tun Sie nicht etwa, indem Sie den Hund mit Gewalt in der Position halten, sondern indem Sie die Position im wirklichen Leben noch gar nicht abfragen, außer in Trainingssituationen. Was nützt Ihnen schon, wenn Sie dem Hund im Restaurant »Platz« sagen und er kann gerade mal zwei Sekunden lang liegen bleiben. Also sagen Sie lieber nichts. Beim Schreiben dieser Sätze kann ich förmlich schon die Aufschreie hören, die an dieser Stelle kommen werden. Denn schließlich wollen Sie den Hund mit ins Restaurant nehmen und schließlich soll er auch länger unterm Tisch liegen als nur zwei Sekunden. Aber das haben wir ihm noch nicht beigebracht. Und Sie wissen ja, dass wir vom Hund nur das erwarten dürfen, was wir ihm auch beigebracht haben. Also Finger weg von dieser Übung bzw. Mund zu. Denn was passiert? Sie sagen dem Hund »Platz«. Der Hund wird sich auch hinlegen und bald wird es ihm zu ungemütlich, er steht auf, um sich woanders wieder hinzulegen. Was hat er aber gelernt? Das er das von Ihnen geforderte »Platz« nach Belieben beenden kann. Und dann haben Sie es nachher schwierig, ein »Bleib« zu trainieren.

Zum Glück gibt es aber Managementmaßnahmen. Sie können dem Hund einen Kauknochen unter den Tisch legen. Sie können den Fuß auf die Leine stellen und ihn immer wieder belohnen, wenn er schön liegt und er kann den ganzen Abend ruhig unterm Tisch liegen. Sie haben nur kein Kommando gegeben. Dann kann der Hund nämlich auch aufstehen und sich recken, sich an anderer Stelle wieder neu hinlegen und einen faulen Abend verbringen, ohne dass Sie sich Ihr Training boykottieren.

Und dann können wir das »Bleib« natürlich auch wieder Schritt für Schritt trainieren, so dass der Hund – je nach Ihrem Fleiß – in den unmöglichsten Situationen in den von Ihnen vorgegebenen Positionen verharrt.

Trainieren Sie die unten aufgeführten Trainingsschritte mit allen drei Positionen, also »Sitz«, »Platz« und »Steh«. Wenn Ihnen das zu aufwändig ist, dann wählen Sie das »Sitz«. Kann Ihr Hund das »Sitz-Bleib«, kann er das »Platz« nämlich in der Regel auch (was umgekehrt nicht der Fall ist) und ein »Steh-Bleib« brauchen Sie ja vielleicht im wirklichen Leben gar nicht, es sei denn, Sie haben einen Ausstellungshund.

Schritt	*Was ist zu tun?*	*Clickpunkt*	*Futterpunkt*	*Bemerkung*
1	*Machen Sie unterschiedliche Bewegungen, während der Hund sich in seiner Position befindet.**	*Während der Bewegung und der Hund hält die Position.*	*In der Position.*	*Ihre Bewegung darf nur so sein, dass der Hund seine Position hält.*
2	*Geben Sie ein Freizeichen** und locken Sie den Hund aus der Position zu sich hin.*	*Beim Verlassen der Position.*	*Bei Ihnen.*	
3	*Steigern Sie die von Ihnen durchgeführten Ablenkungen für den Hund in der Position.*	*Während der Ablenkung oder nach dem Freizeichen, wenn der Hund die Position verlässt.*	*In der Position oder nach dem Freizeichen bei Ihnen.*	*Seien Sie variabel mit Click oder Freizeichen, wenn sich der Hund in seiner Position befindet.*

4	*Wie Schritt 3, aber zusätzlich verwenden Sie noch die unterschiedlichsten Worte und Geräusche als Ablenkung.*	*Während der Ablenkung oder nach dem Freizeichen, wenn der Hund die Position verlässt.*	*In der Position oder nach dem Freizeichen bei Ihnen.*	*Seien Sie variabel mit Click oder Freizeichen, wenn sich der Hund in seiner Position befindet.*
5	*Verwenden Sie alle möglichen Futterablenkungen.****	*Während der Ablenkung oder nach dem Freizeichen, wenn der Hund die Position verlässt.*	*In der Position oder nach dem Freizeichen bei Ihnen.*	*Seien Sie variabel mit Click oder Freizeichen, wenn sich der Hund in seiner Position befindet.*
6	*Verwenden Sie alle möglichen Spielzeugablenkungen.*****	*Während der Ablenkung oder nach dem Freizeichen, wenn der Hund die Position verlässt.*	*In der Position oder nach dem Freizeichen bei Ihnen.*	*Seien Sie variabel mit Click oder Freizeichen, wenn sich der Hund in seiner Position befindet.*
7	*Steigern Sie variabel die Zeitspanne ohne Ablenkung.*	*Während der Ablenkung oder nach dem Freizeichen, wenn der Hund die Position verlässt.*	*In der Position oder nach dem Freizeichen bei Ihnen.*	*Seien Sie variabel mit Click oder Freizeichen, wenn sich der Hund in seiner Position befindet.*
8	*Verwenden Sie alle möglichen Bewegungsreize.******	*Während der Ablenkung oder nach dem Freizeichen, wenn der Hund die Position verlässt.*	*In der Position oder nach dem Freizeichen bei Ihnen.*	*Seien Sie variabel mit Click oder Freizeichen, wenn sich der Hund in seiner Position befindet.*
9	*Kombinieren Sie die unterschiedlichen Herausforderungen.*	*Nach der Ablenkung und der Hund ist in Position oder nach dem Freizeichen, wenn der Hund die Position verlässt.*	*In der Position oder nach dem Freizeichen bei Ihnen.*	*Denken Sie daran, dass Sie für den Erfolg des Hundes zuständig sind!*

*Unterschiedliche Bewegungen:
Hier gilt es wieder, den Hund in kleinen Schritten dazu zu bringen, dass er immer mehr an Bewegung Ihrerseits toleriert und dabei trotzdem in seiner Position verharrt.

Hier einige Anregungen:

- Die Hand mit dem Leckerchen wegziehen
- Aufstehen, wenn Sie davor noch gehockt haben
- Einen Schritt zur Seite gehen
- Einen Schritt zur anderen Seite gehen
- In mehreren Schritten um den Hund herum gehen
- Den Hund mehrfach umrunden, auch in der anderen Richtung
- Vor dem Hund hüpfen
- Um den Hund herum hüpfen
- Vom Hund weggehen in steigender Entfernung
- Sich in zwei Metern Abstand hinlegen
- Auf einen Stuhl klettern
- Wegkrabbeln
- Vor dem Hund tanzen

Ich denke, Sie bekommen eine Idee. Je einfallsreicher Sie hier sind, desto erfolgreicher werden Sie die Übung aufbauen und desto besser wird Ihr Hund Sie später beherrschen.

**Freizeichen:
Das Freizeichen ist für diese Übung von entscheidender Bedeutung. Zunächst sollten Sie sich also ein geeignetes Signal überlegen. Ein Wortsignal bietet sich an, weil der Hund dann besonders aufmerksam sein muss, damit er es nicht verpasst. Mein Freizeichen ist »Na lauf«. Es kann aber wieder egal was sein, Sie müssen dann nur dabei bleiben.
Anfangs weiß der Hund ja noch nicht, was das Freizeichen bedeutet. Das bringen Sie ihm bei, indem Sie ihn aus der Position locken und dann sein Auf-Sie-Zukommen clicken und belohnen. Mit der Zeit wird dieses Freizeichen ein magisches Signal für Ihren Hund, das er sehr erwartet.
Ihre Aufgabe ist es, dass der Hund nie ohne Freizeichen seine Position verlässt. Sollte das doch mal vorkommen, müssen Sie wieder für den nächsten Durchgang Ihr Verhalten ändern, also die Übung leichter machen. Außerdem bringen Sie den Hund kommentarlos in seine Position zurück, ohne dass er dann dafür belohnt wird. Belohnungen gibt es nur bei den entsprechenden Ablenkungen.

Je größer die Ablenkungen werden (z.B. später Futter, Spielzeuge oder Bewegungsreize), desto sicherer sollten Sie sich sein, was Sie vom Hund erwarten können. Oder Sie brauchen einen Helfer bzw. sichern den Hund an der Leine, damit er sich möglichst nie für ein Verlassen der Position belohnt.

***Futterablenkungen:
Futterablenkungen geben uns tolle Trainingsherausforderungen. Hier wieder einige Anregungen:

- Leckerchen wird vom Hund wegbewegt
- Leckerchen wird vor dem Hund abgelegt
- Besseres Leckerchen wird in größerer Entfernung des Hundes deponiert
- Es wird nach und nach näher an den Hund gebracht
- Die Leckerchen werden gesteigert bis hin zum Sonntagsbraten

****Spielzeugablenkungen:
Spielzeugablenkungen sind natürlich nicht für alle Hund wirklich Ablenkungen. Aber wenn der Hund gerne spielt, gilt dasselbe wie für die Futterablenkungen. Nach dem Freizeichen kann man dann als Belohnung auch gut mit dem Hund spielen.

*****Bewegungsreize:
Bewegungsreize sind die schwierigste Herausforderung. Die kann man sowohl mit Leckerchen als auch mit Spielzeugen durchführen. Hier kann man auch sehr gut eine Reizangel einbauen. Wenn Sie die Trainingsschritte sauber nach und nach aufbauen und ein gutes Fundament legen, werden Sie erstaunt sein, unter welchen Bedingungen der Hund schließlich seine Positionen halten kann.

Unerwünschte Verhalten und Clickertraining

Mit dem Clicker neue Verhalten zu trainieren ist für viele Hundehalter sehr einleuchtend. Aber wie sieht es mit den unerwünschten Verhalten aus? Wie können wir damit umgehen? Weiter oben ist schon mal von dem nötigen Perspektivenwechsel die Rede. Wir sollten uns mehr und mehr auf die Verhalten des Hundes konzentrieren, die wir haben wollen. Auch schön und gut, aber was heißt das nun in den ganz konkreten Fällen, wenn der Hund wirklich Dinge tut, die wir nicht wollen?

Abbruchsignal

Gerade wenn man mit der Arbeit über die positive Verstärkung, wie das Clickertraining auch genannt wird, noch nicht so vertraut ist, spürt man immer wieder das Bedürfnis, dem Hund sagen zu müssen, was er alles nicht darf. Das »Nein« ist bei vielen das meistgebrauchte Wort im Hundetraining. Dann ist es auch nur fair, dem Hund verständlich zu machen, was dieses Wort heißt und ihn nicht einfach nur so zu bedrohen oder anzuschreien. Denn dadurch kann passieren, dass er im wahrsten Sinne des Wortes die Welt und Sie nicht mehr versteht, was nicht vorteilhaft für die Beziehung zum Hund ist.
Je erfahrener man mit den Prinzipien des Clickertrainings ist, desto unwichtiger wird dieses Signal. Erst einmal sollten die Hunde immer mehr erwünschtes Verhalten zeigen und man lernt durch Management ein großen Teil von unerwünschten Verhalten zu vermeiden oder über positiv trainierte Signale zu unterbrechen. Schließlich kann ich den Hund auch mit einem »Komm« von unerwünschtem Verhalten abbringen oder mit einem anderen Signal, das in der entsprechenden Situation angebracht ist.
Eine wichtige Eigenschaft, die man als Clickertrainer mit der Zeit lernt, ist, immer mehr das Verhalten des Hundes vorauszuahnen. Weiß man dann schon, dass der Hund an der Tür den

Besuch anspringen wird, wenn er Gelegenheit dazu hat, dann »bewaffnet« man sich eben mit Leckerchen und nutzt jeden Besuch als tolle Trainingsgelegenheit. Oder der Hund ist am Hausleinchen und bekommt keine Gelegenheit oder er geht gar nicht mit zur Türe. Sie sehen, es gibt ganz viele Möglichkeiten, unerwünschtes Verhalten schon im Vorfeld zu vermeiden. Dann braucht man auch kein »Nein«.

Aber auch wir Menschen müssen ja erst mal lernen. Und da wir im Prinzip alle über Verbote erzogen sind, ist es gar nicht so einfach und braucht in der Regel eine Weile, bis man da wirklich umdenken kann. Und bis dahin wollen wir dem Hund ein Abbruchsignal, z.B. das »Nein« beibringen, das er versteht. Der Hund soll also nicht bedroht oder angeschrien werden, sondern er lernt ein Signal kennen, was ihm sagt, dass er das Verhalten, was er gerade vorhat, abbricht und sich zu seinem Menschen zurück orientiert.

Das ist auf alle Fälle das fairste Vorgehen. Oft verstehen die Hunde nämlich sonst gar nicht, warum wir aggressiv werden. Wozu ist ein Teppich denn sonst da, außer zum Reinbeißen? Warum soll sich der Hund nicht aufs Sofa legen, wo das doch der bequemste Platz im Haus ist – und so weiter. Denn meistens ist das, was wir nicht wollen, dass der Hund es macht, für den Hund erst mal so gar nicht nachvollziehbar. Da ist es nur gerecht, wenn wir ein entsprechendes Signal trainieren.

Schritt	*Was ist zu tun?*	*Clickpunkt*	*Futterpunkt*	*Bemerkung*
1	*Legen Sie dem Hund ein Leckerchen vor die Füße und decken Sie es mit der Hand ab, wenn der Hund es haben will.*	*Sobald sich der Hund von der Hand und dem Leckerchen abwendet.*	*oben*	*Lassen Sie den Hund das Leckerchen nicht vom Boden aufnehmen, sondern geben Sie es ihm.*
2	*Dem Hund ein Leckerchen vor die Füße legen und die Hand mehr und mehr öffnen.*	*Sobald der Hund sich vom mehr oder weniger offene Leckerchen abwendet.*	*oben*	*Im Notfall muss Ihre Hand das Leckerchen blockieren. Der Hund darf es nicht klauen!*
3	*Dem Hund das Leckerchen vor die Füße legen und die Hand mehr und mehr entfernen.*	*Ein Abwenden von dem Leckerchen.*	*oben*	*Siehe oben*

4	*Dem Hund das Leckerchen aus der stehenden Position vor die Füße legen und zur Not mit dem eigenen Fuß sichern.*	*Ein Abwenden vom Leckerchen.*	*oben*	
5	*Das Leckerchen fallen lassen und zur Not mit dem Fuß sichern.*	*Ein Abwenden vom Leckerchen.*	*oben*	
6	*Wie Schritt 5 und beim Fallenlassen Signal einführen.*	*Ein Abwenden vom Leckerchen.*	*oben*	
7	*Dem Hund einige Leckerchen füttern und dann mit Signal eins fallen lassen.*	*Ein Abwenden vom Leckerchen.*	*oben*	
8	*Dem Hund einige Leckerchen hinwerfen, die er nehmen darf und dann eins vor die Füße mit Signal fallen lassen.*	*Ein Abwenden vom Leckerchen.*	*oben*	*Immer muss der Mensch bereit sein, das Leckerchen zur Not zu sichern, dass der Hund es nach dem Abbruchsignal nicht bekommen kann.*
9	*Wie Schritt 8, aber dem Hund das Leckerchen, dass er nicht nehmen darf auch werfen.**	*Ein Abwenden vom Leckerchen.*	*Beim Hundehalter*	
10	*Wie Schritt 9, aber mit Spielzeug.**	*Ein Abwenden vom Spielzeug.*	*Beim Hundehalter*	*Als Belohnung kann man hier auch spielen.*
11	*Herausforderungen immer mehr steigern.***	*Das Unterbrechen eines unerwünschten Verhaltens.*	*Beim Hundehalter*	
12	*Wie Schritt 11*	*Das Zurückorientieren zum Hundehalter.*	*Beim Hundehalter*	

Ab Schritt 9 ist es nicht mehr möglich, das Leckerchen selber zu sichern, weil der Abstand zu groß wird. Hier braucht man entweder auch wieder einen Helfer, der einem zur Not diese Arbeit abnimmt. Oder man arbeitet mit dem Hund an der Leine, so dass er sich nicht selber belohnen kann. Eine andere Möglichkeit ist ein Zaun, durch den man das Leckerchen werfen kann. Auch dann muss der Hund wohl oder übel von dem begehrten Teil abwenden. Auf alle Fälle ist wichtig, dass der Hund sich nach Ihrem Abbruchsignal nie selber belohnen kann. Sie werden bei gutem Training natürlich auch an den Punkt kommen, dass Sie ohne diese Sicherungen überzeugt sind, dass der Hund auf Ihr Abbruchsignal reagieren wird. Dann können Sie das natürlich auch mal ausprobieren. Sie sollte sich dabei jedoch wirklich sicher sein und nicht auf Risiko gehen. Denn am besten ist es natürlich, wenn der Hund nach dem Abbruchsignal nie mal doch zum Erfolg kommen kann.

*Spielzeug als Ablenkungsreiz
Das geht natürlich nur bei Hunden, die auch heiß auf Spielzeuge sind. Wenn das der Fall ist, hat man viele schöne Trainingsmöglichkeiten. Man kann mit unterschiedlichen Spielzeugen arbeiten, um es für den Hund unterschiedlich schwierig zu machen. Man kann aber auch mit dem Zeitpunkt des Abbruchsignals die Übung unterschiedlich schwierig gestalten. Je näher der Hund dem Spielzeug kommt, desto schwieriger wird es. Aber genau zu diesem Punkt muss man sich hinarbeiten. Denn die Situationen, in denen man das Abbruchsignal im wirklichen Leben braucht, sind ja auch oft nicht ohne.

Der Hund dreht vom geworfenen Spielzeug ab.

**Herausforderungen immer weiter steigern
Wie bei allen Übungen gilt: Je besser ich den Hund im Training vorbereite, desto leichter wird es im Ernstfall sein. Es lohnt sich also, hier kreativ zu sein und immer wieder zu überlegen, wie man den Hund noch herausfordern kann. Allerdings gilt immer die Devise: Der Hund muss Erfolg haben. Sie dürfen Sie Aufgabe also nicht so schwer gestalten, dass der Hund Misserfolg hat. (Dazu siehe auch Ampeltraining S. 91)

Ein etwas anderes Abbruchsignal

Es geht aber auch anders. Auch mit einem nur positiv trainierten Signal können wir den Hund von unerwünschten Verhalten abbringen.

Am besten denken Sie sich dazu ein Geräusch aus, z.B. ein Kussgeräusch mit den Lippen. Oder vielleicht können Sie sonst noch ein einmaliges Geräusch erzeugen? Seien Sie kreativ.

Beginnen Sie mit dem Hund in ablenkungsarmer Umgebung. Haben Sie besondere Leckerchen zur Belohnung nach dem Click.

Schritt	*Was ist zu tun?*	*Clickpunkt*	*Futterpunkt*	*Bemerkung*
1	*Geräusch produzieren.*	*Sobald der Hund aufmerksam den Kopf hebt.*	*Bei Ihnen.*	*Der Hund sollte für die ersten Male nichts besseres zu tun haben, so dass er augenblicklich auf Ihr Geräusch reagiert.*
2	*Wie Schritt 1, aber an den unterschiedlichsten Stellen im Haus.*	*Sobald der Hund aufmerksam den Kopf hebt.*	*Bei Ihnen.*	
3	*Wie Schritt 1, aber an den unterschiedlichsten Stellen im Haus.*	*Sobald der Hund Sie anguckt.*	*Bei Ihnen.*	*Versuchen Sie diesen Trainingsschritt mindestens 20 Mal am Tag zu machen, so dass Sie in einer Woche auf 100 Wiederholungen kommen.*

4	*Der Hund ist an der Leine. Sie werfen ein langweiliges Futterstückchen gerade außer Reichweite. Sobald der Hund hin will, machen Sie Ihr Geräusch.*	*Sobald der Hund Sie anguckt.*	*Bei Ihnen.*	*Machen Sie auch diesen Schritt an unterschiedlichen Orten im Haus, so dass Sie auf 100 Wiederholungen kommen, bevor Sie zum nächsten Schritt übergehen.*
5	*Wie Schritt 4, aber besseres Leckerchen wegwerfen.*	*Sobald der Hund sich vom Leckerchen abwendet.*	*Bei Ihnen.*	
6	*Wie Schritt 4, aber immer steigende Ablenkungen.**	*Sobald der Hund sich von der Ablenkung abwendet.*	*Bei Ihnen.*	
7	*Wiederholen Sie die Schritte 4–6 auf dem Spaziergang.*	*Sobald der Hund sich von der Ablenkung abwendet.*	*Bei Ihnen.*	*Sorgen Sie anfangs dafür, dass der Hund sich nicht selber belohnen kann, indem er an der Leine ist.*
8	*Herausforderungen.***	*Sobald der Hund sich von der Ablenkung abwendet.*	*Bei Ihnen.*	

*Steigende Ablenkungen:
Hier sind Ihre Kunst und Ihr Einfühlungsvermögen gefordert. Lassen Sie sich fünf Dinge einfallen, die Ihr Hund noch etwas spannender finden könnte als das Leckerchen, mit dem Sie ihn belohnen. Allerdings sollten Sie die Übung immer so gestalten, dass der Hund Erfolg haben kann. Wenn die Ablenkung sehr viel besser als das Leckerchen ist, sollte man sich Gedanken machen, nach dem Click auch mit besseren Leckerchen zu belohnen.

**Herausforderungen:
Mit diesem gründlichen Vortraining geht es in diesem Trainingsschritt darum, wirklich mal extreme Fälle zu versuchen. Aber auch die sollten so gestaltet sein, dass der Hund immer alles richtig machen kann. Entweder ist die Herausforderung also recht einfach und der Hund ist nicht an der Leine, oder die Herausforderung ist groß und er ist an der Leine.

Oder die Ablenkung ist durch einen Trainingspartner gesichert, so dass der Hund am Erreichen gehindert wird.

So haben Sie ein Signal trainiert, mit dem Sie den Hund jederzeit von unerwünschtem Verhalten abbringen können, denn er wird sich dann sofort zu Ihnen orientieren.

Hier ist das Trainieren des Abbruchsignals gelungen. Der Hund dreht sich vom Hamburger weg und zu seinem Menschen hin.

Aber Achtung: Vielleicht ist Ihnen aufgefallen, dass das Training für dieses Signal gar nicht so unähnlich der Clickerkonditionierung ist. Das heißt, wir haben uns hier einen weiteren sekundären Verstärker aufgebaut. Streng genommen belohnen wir damit das Verhalten, das der Hund bei Anwendung des Abbruchsignals zeigt. Würden Sie dieses Signal also immer nur dann geben, wenn der Hund im Garten buddelt, was er nicht tun soll, dann würde er – immer wenn ihm nichts Besseres einfällt – buddeln gehen. Es ist also wichtig, dass Sie dieses Signal ganz häufig geben und nicht nur dann, wenn der Hund unerwünschtes Verhalten zeigt.

Auf die oben beschriebene Art und Weise können Sie noch weitere positive Abbruchsignale trainieren, z.B. auch ein Antippen der Schulter, einen Griff ins Halsband oder was auch immer.

Geben Sie das rein positiv trainierte Abbruchsignal 9 von 10 Malen, wenn der Hund ein erwünschtes Verhalten zeigt und nur in Ausnahmefällen bei unerwünschten Verhalten. Dann wird der Hund es immer gut befolgen.

Nicht anspringen

Junge Hunde springen gerne an, weil sie das in der Regel beim Züchter schon beigebracht bekamen. Warum das? Welches Interesse hat ein Züchter, den Welpen ein so lästiges Verhalten beizubringen? Eigentlich wohl gar keins. Er weiß es aber in der Regel nicht besser. Da kommen die kleinen Hundchen, nehmen Kontakt zum Menschen auf, springen an den Beinen hoch und werden gestreichelt oder bekommen Aufmerksamkeit. Schon recht früh lernt der kleine Hund so, dass dies der Weg ist, mit Menschen zu kommunizieren.
Bei unseren Welpen gilt von Anfang an die Regel: Sie werden nur gestreichelt, wenn alle vier Füße auf dem Boden sind oder – noch besser – wenn sie sitzen. Es ist zu schön zu sehen, wie dann sechs vier Wochen alte Welpen in Reih und Glied vor einem sitzen, weil sie auch diese Regel ganz schnell lernen.
Nun hat sich dieses Wissen bei den Züchtern aber noch nicht weit herum gesprochen und Sie bekommen einen Welpen, der das Anspringen schon gelernt hat. Oder Sie haben einen erwachsenen Hund, der das gut beherrscht. Wie geht man also damit um?
Wie bei allen unerwünschten Verhalten gilt: Vorausschauend handeln, Management und das unerwünschte Verhalten nicht belohnen. Wenn ich also weiß, dass der Hund anspringt, hocke ich mich zu ihm herunter, sobald er angelaufen kommt. Oder ich verhindere das Anspringen über ein Hausleinchen, auf das ich den Fuß stelle. Und sollte er dann doch mal anspringen, dann drehe ich mich weg, um dieses Verhalten nicht unbeabsichtigt zu belohnen.
Das würde ausreichen. Leider boykottieren einem die anderen Menschen – und davon besonders oft selber Hundehalter – das Training, indem sie den Hund streicheln und mit ihm reden, wenn er sie anspringt. »Ach lass doch, ich hab doch selber Hunde, Ist doch nicht so schlimm.«
Und damit das gar nicht erst passieren kann, ist ein Training sinnvoll, dass er Hund lernt, unter allen Umständen, seine Füße

am Boden zu lassen oder sich hinzusetzen. Das können Sie entscheiden, welches Verhalten Sie gerne anstelle des unerwünschten Anspringens hätten.

Dieser junge Hund hat gelernt, sich ruhig hinzusetzen, wenn jemand zu Besuch kommt.

Hier nun die Trainingsschritte. Wir gehen von einem Hund aus, egal ob Welpe oder erwachsener Hund, der sofort angeflogen kommt, wenn Sie das Haus betreten oder die Treppe herunter kommen oder ihm auf sonst eine Weise nach einer Pause wieder begegnen.

Schritt	Was ist zu tun?	Clickpunkt	Futterpunkt	Bemerkung
1	*Leckerchen vor den Hund auf den Boden werfen.*	*Sobald der Hund beim Fressen alle vier Füße auf dem Boden hat.*	*Auf dem Boden.*	
2	*Nach dem letzten Leckerchen eine Sekunde warten.*	*Wenn der Hund noch alle vier Füße am Boden hat.*	*Auf dem Boden.*	*Wenn eine Sekunde schon zu lange ist, starten Sie mit einer halben und fügen Sie eben noch einen Zwischenschritt ein.*
3	*Wie Schritt 2, aber an leicht unterschiedlichen Stellen, also immer mit anderem Hintergrund, einen Schritt versetzt usw.*	*Wenn der Hund noch alle vier Füße am Boden hat.*	*Auf dem Boden.*	

4	Nach dem Belohnungsleckerchen 2 Sekunden warten.	Wenn der Hund noch alle vier Füße am Boden hat.	Auf dem Boden.	Wenn Sie statt dessen ein »Sitz« wollen, wäre es jetzt an der Zeit, das einzuführen.*
5	Begrüßungssituation so genau wie möglich nachstellen, also immer zur Tür reinkommen oder die Treppe herunter kommen.	Wenn der Hund noch alle vier Füße am Boden hat bzw. sitzt, wenn Sie das eingeführt haben.	Auf dem Boden.	
6	Hereinkommen und dem Hund ein Leckerchen 0,5 Meter über die Nase halten.	Solange noch alle vier Füße am Boden sind.*	In der Position, in der sich der Hund befindet.	*Oder im Sitzen, wenn das Ihre Entscheidung war.
7	Hereinkommen und vor dem Hund auf und ab hüpfen.	Solange noch alle vier Füße am Boden sind.*	In der Position, in der sich der Hund befindet.	
8	Hereinkommen und vor dem Hund hüpfen mit quietschen.	Solange noch alle vier Füße am Boden sind.*	In der Position, in der sich der Hund befindet.	

*Sollten Sie ein »Sitz« bei der Begrüßungssituation haben wollen, führen Sie es zwischen Schritt 4 und 5 ein. Sie können es entweder einfangen, wenn der Hund es von sich aus anbietet oder Sie geben ihm drei bis vier Mal das Signal, um ihm eine Idee zu geben. Sie geben das Signal in einem Durchgang natürlich nur ein einziges Mal, nicht drei bis vier Mal hintereinander. Aber Sie machen drei bis vier Durchgänge, in denen Sie dem Hund das Signal geben. Im fünften Durchgang warten Sie ab, ob er das Verhalten schon von sich aus anbietet. Sollte der Hund nicht nach zwei Sekunden sitzen, können Sie auch wieder das Signal geben. Im Zweifelsfalle immer dem Hund helfen, ihn jedoch zu so viel Selbstständigkeit wie möglich erziehen.

Nicht in die Leine beißen

»Mein Hund beißt ständig in die Leine« ist auch so eine Beschwerde, die wir in der Hundeschule von den Hundehaltern häufig zu hören bekommen. Auch hier gilt, dass man das unerwünschte Verhalten nicht verstärken sollte. Das würde man machen, indem man dem Hund in diesem Moment Aufmerksamkeit schenkt oder sogar versucht, ihm die Leine wegzuzerren, was für ihn nichts anderes als ein tolles Zerrspiel ist.

Ein häufiger Fehler: Der Hund beißt in die Leine, der Mensch zerrt und belohnt ihn dadurch ungewollt.

Managementmaßnahmen können eine Kettchenleine sein, in die Hunde ungerne hinein beißen oder zwei Leinen am Hund. Sobald er in die eine beißt, lässt man sie kommentarlos fallen und nimmt die andere. In der Regel wird es dann den Hunden schnell langweilig, weil sie die erhoffte Aufmerksamkeit und ihr Zerrspiel nicht bekommen.

Eine Kettchenleine ist eine gute Managementlösung.

Anstatt sich darauf zu konzentrieren, was der Hund nicht tun soll, kann man jedoch auch wieder trainieren, was er denn statt dessen tun soll.
Er soll die Leine nämlich einfach ignorieren.

Dazu der Trainingsplan:

Schritt	Was ist zu tun?	Clickpunkt	Futterpunkt	Bemerkung
1	*Hocken Sie sich neben den Hund und lassen Sie die Leine in der vom Hund entfernten Hand einfach runter hängen.*	*Hund blickt von der Leine weg.*	*Weg von der Leine.*	
2	*Wie Schritt 1, aber Leine leicht bewegen.*	*Hund blickt von der Leine weg.*	*Weg von der Leine.*	*Sollte der Hund nach der Leine springen, war die Bewegung zuviel. Dann Leine außer Reichweite halten. Schnell sein!*
3	*Leine ruhig am Hund am Boden vorbei ziehen.*	*Hund blickt von der Leine weg bzw. erst gar nicht hin.*	*Weg von der Leine.*	
4	*Mit Hund einige Schritte gehen, dabei Leine in der Hand hinterher ziehen.*	*Hund blickt von der Leine weg bzw. gar nicht erst hin.*	*Weg von der Leine.*	*Sollte das für den Hund schon zu viel sein, die Leine nur 50 cm herunter hängen lassen.*
5	*Herausforderungen für den Hund allmählich steigern.*	*Hund blickt weg von der Leine bzw. gar nicht erst hin.*	*Weg von der Leine.*	

Die Leine wird während des Trainings zunächst selbst in der Hand gehalten, ohne sie am Halsband des Hundes zu befestigen. Auf diese Weise können Sie die Leine schnell außer Reichweite nehmen, falls der Hund doch darauf zu startet. Allerdings sollten Sie in einem solchen Fall darauf reagieren und die Aufgabe nachfolgend einfacher machen.
Und schnell müssen Sie sein! Ist der Hund mal schneller, dann überlassen Sie ihm kommentarlos die Leine und beenden die Übung, indem Sie weggehen. Lässt er die Leine dann wieder liegen, können Sie weiter arbeiten. Das sollte jedoch nicht zu oft passieren. Hier ist also wieder Ihr Timing gefragt. Zur Not

können Sie mit einem Helfer eine Trockenübung einbauen, der versuchen soll, Ihnen die Leine wegzunehmen, so dass Sie das schnelle Wegziehen üben können.

So, beispielhaft haben wir also jetzt einige unerwünschte Verhalten besprochen und wie man damit umgehen kann. Die Prinzipien können Sie auf jedes unerwünschte Verhalten anwenden:

- Nicht unbeabsichtigt belohnen
- Durch Management verhindern
- Alternatives Verhalten trainieren

Sie sehen, man hat mehrere Möglichkeiten, so dass das Schimpfen oder Strafen gar nicht nötig ist. Seien Sie da aber auch nicht zu hart gegen sich selber. Das ist ein Prozess, in dessen Verlauf man das allmählich lernt. Man wird immer cooler und gelassener, ist gar nicht mehr so leicht aus der Ruhe zu bringen und weiß eben, was zu tun ist. Aber das kommt nicht von heute auf morgen. Lassen Sie sich Zeit, aber der Weg lohnt sich.

Weg von der Belohnung?

Wir werden die Belohnung natürlich nie abbauen können. Denn ein Verhalten, was sich nicht lohnt, wird gelöscht, das heißt der Hund wird es früher oder später nicht mehr zeigen. Das ist übrigens nicht meine Meinung, sondern ein sehr gut erforschtes Lerngesetz. Dennoch können wir Clicker und Leckerchen mehr und mehr abbauen, ohne auf die Belohnung zu verzichten.

Das Abbauen der Leckerchen

Vereinfacht kann man sagen, dass die Leckerchen das Schimpfen ersetzen. Wenn mich also ein traditionell arbeitender Hundetrainer fragt, wann ich denn endlich aufhöre mit Leckerchen zu arbeiten, dann kann ich sagen: »Wenn du aufhörst zu schimpfen oder an der Leine zu rucken.« Mit anderen Worten: Nie. Denn genauso wie Sie nicht mehr arbeiten gehen würden, wenn Ihr Chef aufhört, Ihnen Ihren Lohn zu zahlen, wird der Hund mit der Arbeit aufhören, wenn es sich nicht mehr lohnt.

Zum Glück lohnen sich für den Hund aber nicht nur Leckerchen. Auf S. 12 hatten Sie ja schon einmal den Auftrag, eine Liste mit allem zu erstellen, was Ihr Hund gerne mag. Sollten Sie das da noch nicht gemacht haben, ist spätestens jetzt der Zeitpunkt dafür gekommen. Seien Sie dafür ruhig mal eine Woche lang sehr achtsam und beobachten Sie den Hund daraufhin, was er alles gerne mag.

Nehmen Sie sich jetzt eines dieser Dinge – z.B. durch die Haustüre laufen – und einen schon bekannten Trainingsschritt eines beliebigen Verhaltens. Lassen Sie den Hund das Verhalten zeigen und als Belohnung öffnen Sie im selben Moment, in dem Sie clicken würden, die Haustüre. Nutzen Sie auch auf dem Spaziergang gezielt solche Belohnungen für das Training.

Werden Sie allmählich kreativ und ersetzen Sie immer mehr Leckerchen durch Belohnungen in der jeweiligen Situation. Gestalten Sie den Übergang fließend, versuchen Sie also nicht von heute auf morgen ganz ohne Leckerchen auszukommen.

Man kann den Hund auf dem Spaziergang als Belohnung schnüffeln lassen.

Ein Problem ist, dass auch wir Menschen durch Versuch und Irrtum lernen. Und die Arbeit mit den Leckerchen funktioniert ja ganz gut, warum also soll man das ändern? Man muss es sich also schon immer entsprechend vornehmen, wenn man die Leckerchen mehr und mehr abbauen will. Wenn man das will.

Abbauen des Clickers

Ein häufiges Bedenken, wenn es ums Clickertraining geht, ist, dass man dann ja immer diesen Clicker mitschleppen muss. Ich hoffe, Sie haben bis hierhin schon festgestellt, dass der Clicker in der Tat eine sehr wertvolle Trainingshilfe ist, mit dessen Hilfe man dem Hund viele Dinge relativ schnell verständlich machen kann.

Es gilt jedoch dasselbe wie für alle Trainingshilfen: Man sollte sich nicht davon abhängig machen. Eine Möglichkeit, den Clicker abzubauen, ist eigentlich oben schon beschrieben worden: Sie geben einfach den primären Verstärker, das heißt das Leckerchen oder die sonstige Belohnung, genau in dem Moment, in dem Sie clicken würden. Stimmt Ihr Timing, können Sie den Click dann einfach weglassen.
Eine andere Möglichkeit besteht darin, dass Sie sich andere sekundäre Verstärker aufbauen, die auch ein gewünschtes Verhalten markieren können. Das kann z.B. ein bestimmtes Lobwort sein. Vielfach hört man Lobwörter wie »prima«, »fein«, »super«, »guter Hund« usw., ohne dass diese jedoch konsequent benutzt werden und eben zuvor entsprechend auftrainiert wurden.
Das ist dann so ähnlich, als ob wir mit einem Ausländer zu tun hätten, von dem wir zwar merken, dass er uns wohlgesonnen ist, wir aber kein Wort von dem, was er sagt, verstehen.
Sie sollten sich also für ein Lobwort entscheiden und das dann genauso auftrainieren wie den Clicker. Anschließend wird es auch genauso verwendet wie der Clicker. Jedes Mal, wenn Sie dieses Wort sagen, gibt es also ein Leckerchen. So haben Sie einen vollwertigen Ersatz für den Clicker, falls Sie den Clicker mal nicht dabei haben.

Ein abgeschwächtes Lobwort

Sie können auch ein zweites Lobwort trainieren, dem nicht jedes Mal ein Leckerchen folgt. Das Training erfolgt also zunächst genauso wie die Konditionierung auf den Clicker. Aber dann gibt es eben nicht immer ein Leckerchen, wenn Sie dieses Lobwort sagen. Damit ist es in seiner Wirkung nicht ganz so stark. Es ist aber immer noch ein sekundärer Verstärker, den der Hund dann in seiner Bedeutung auch versteht.

Tätscheln auf den Kopf als sekundären Verstärker trainieren

Bevor Sie diese Übung machen, lassen Sie sich mal von einem Bekannten filmen oder fotografieren, wenn Sie Ihrem Hund auf den Kopf tätscheln. Gefällt ihm das? Beobachten Sie selbstkritisch.

Beim Tätscheln auf den Kopf kommen wir dem Hund eher wie ein Monster vor und er reagiert mit Zeichen, die sein Unbehagen ausdrücken, wie z.B. Kopf abwenden, Züngeln, Blinzeln, Gähnen, Ohren anlegen, Pföteln usw.

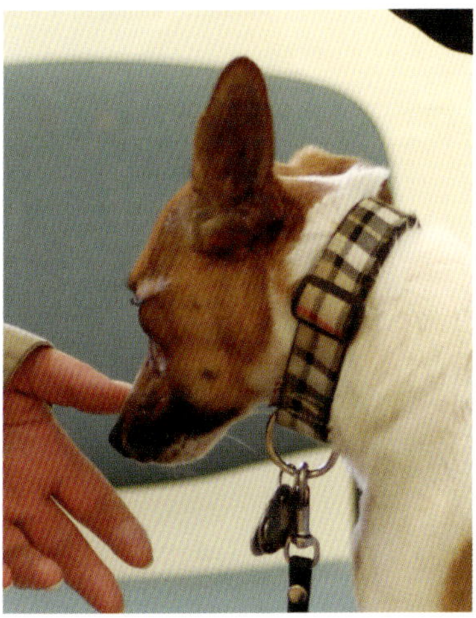

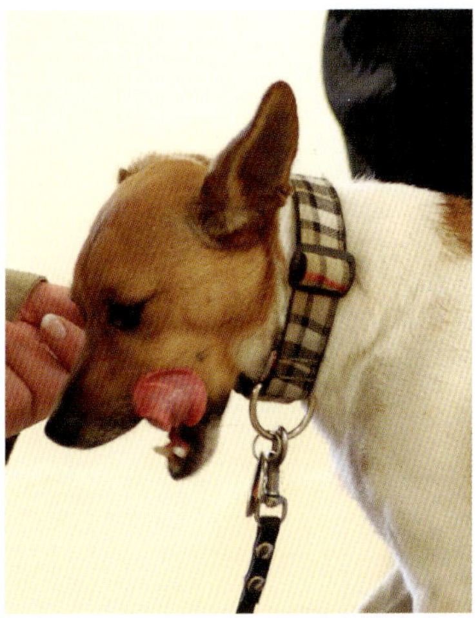

Nehmen Sie sich nun am besten richtig gute Leckerchen. Hocken Sie sich anfangs neben Ihren Hund, damit Sie ihn nicht zusätzlich bedrohen, indem Sie sich über ihn beugen. Jetzt tätscheln Sie mit der einen Hand den Hund kurz auf den Kopf. Dann geben Sie mit der anderen Hand ein Leckerchen. Wichtig ist, dass der Hund dafür nichts machen muss. Er muss weder sitzen noch in eine bestimmte Richtung gucken oder was auch immer.

Es geht nur um die Verknüpfung Tätscheln = Leckerchen. Wir machen hier also wieder eine klassische Konditionierung, so wie bei der Konditionierung auf den Clicker. Der Hund soll bei Tätscheln ein anderes Gefühl entwickeln.
Wiederholen Sie diese Übung jeden Tag einige Male. Beobachten Sie dabei den Hund. Zeigt er noch Dinge wie Blickabwenden, Gähnen, Über-die-Nase-lecken, usw.? Oder reagiert er auf das Tätscheln schon so, wie er auf den Click reagiert mit gespannter Erwartung und in Vorfreude auf das Leckerchen?
Lassen Sie sich wieder filmen oder fotografieren und vergleichen Sie die Bilder mit den ersten Aufnahmen. Schulen Sie Ihr Auge, damit Sie immer wieder einschätzen können, ob das, was Sie als sekundären Verstärker verwenden, auch wirklich ein solcher ist.

Warum das alles?

So ein Aufwand, werden Sie vielleicht denken. Dieser Aufwand hilft jedoch, dass Ihr Hund Sie immer besser versteht und sich immer wohler bei Ihnen fühlt. Und schließlich ist es auch nur fair, wenn wir den Hund belohnen wollen, indem wir ihm auf dem Kopf tätscheln, dass er das auch als Belohnung empfindet. Das ist nämlich leider nicht automatisch so.
Auf diese Art und Weise kann man viele sekundäre Verstärker trainieren, so dass man immer mehr Möglichkeiten hat, den Hund zu belohnen. Aber das ist dann etwas für fortgeschrittene Trainer. Wenn Sie mehr darüber lernen wollen, empfehle ich mein Buch »Verstärker verstehen«.

Einige Kunststücke

Kunststücke sind nicht nur irgendwelche sinnlosen Zirkustricks, sondern sie vertiefen die Verständigung, beschäftigen den Hund geistig und bieten gleichzeitig auch noch eine sinnvolle Gymnastik. Es gibt also viele gute Gründe, dem Hund Kunststücke beizubringen. Nicht zuletzt macht es einfach Spaß, sowohl das Training als auch das Vorführen.

Slalom

Schritt	Was ist zu tun?	Clickpunkt	Futterpunkt	Bemerkung
1	Den Hund mit Leckerchen unter den Beinen durchlocken.	Keiner	Auf der anderen Seite.	Der Hund muss erst mal lernen, dass es gut ist, unter den Beinen durch zu gehen.
2	Den Hund in Slalombewegung* unter den Beinen mit Leckerchen durchlocken.	Keiner	Auf der anderen Seite.	Sie können statt dem Click natürlich mit Lobwort arbeiten, wenn Sie schon eins trainiert haben.
3	Wie Schritt 2, aber jetzt ohne Leckchen in der Hand, jedoch noch mit derselben Handhaltung.	Sobald der Hund der Hand folgt.**	Auf der anderen Seite.	
4	Wie Schritt 3, aber Hände nicht mehr direkt vor der Hundenase, sondern immer etwas höher.	Sobald der Hund unter den Beinen durch ist.	Auf der anderen Seite.	
5	Deutliche Schrittstellung, aber nicht mehr Locken.	Blick in die Laufrichtung, d.h. unter die Beine durch.	Auf der anderen Seite.	
6	Deutliche Schrittstellung.	Der Hund startet die Bewegung unter die Beine durch.	Auf der anderen Seite.	

7	*Deutliche Schrittstellung.*	*Der Hund geht durch auf die andere Seite.*	*In »Fahrtrichtung«, so dass Sie den nächsten Schritt machen können.*	
8	*Unterschiedliche Anzahl an Schritten gehen.****	*Wenn der Hund entsprechend häufig unter den Beinen durchgegangen ist.*	*In Fahrtrichtung, so dass Sie den nächsten Schritt machen können.*	

Hund durch Slalom locken.

*Slalombewegung: Dazu wird das dem Hund gegenüberliegende Bein nach vorne gestellt. Er wird wieder hindurch gelockt und beim Erreichen der anderen Seite mit dem Lobwort und Leckerchen belohnt. Dann geht es weiter mit dem nächsten Schritt auf die andere Seite, usw.

**Hier müssen Sie entscheiden: Wenn Sie schon wissen, dass der Hund ohne Leckerchen der Hand nicht weit folgen wird, clicken Sie schon nach 10 cm, auch wenn der Hund dann noch nicht unter den Beinen durch ist. Belohnen Sie ihn danach dennoch auf der anderen Seite. Wenn der Hund auch der leeren Hand folgt, lassen Sie ihn schon weiter folgen, bis er ganz unter dem Bein auf die andere Seite durch geht.

***Unterschiedliche Schrittzahl: Immer, wenn der Hund lernen soll, etwas länger zu machen, sollten Sie die Anforderungen variabel steigern. Das könnte in dem Fall so aussehen: 1x, 2x, 1x, 1x, 2x, 1x, 3x, 1x, 1x, 2x, 3x, 1x, 4x, 1x, 2x,...

Verbeugung

Eine Verbeugung ist ein Verhalten, das man gut einfangen kann.

Mit diesem Kunststück sollten Sie nochmals lernen, wie man ein Verhalten einfangen kann, das der Hund von sich aus anbietet. Beobachten Sie zunächst Ihren Hund, wann er diese Position anbietet: Nach dem Aufstehen als Recken oder als Spielaufforderung bei einem Zerrspiel? Sorgen Sie dafür, dass Sie in diesen Momenten einen Clicker dabeihaben. Immer, wenn der Hund also die Verbeugung anbietet, clicken und belohnen Sie.
Nach einer Weile sollte Ihnen auffallen, dass der Hund das Verhalten häufiger anbietet. Jedes Mal wird es geclickt und belohnt.

Irgendwann kommt dann der Zeitpunkt, dass Sie vorhersagen können, wann der Hund das Verhalten zeigen wird. Das ist dann der Moment, das Signal einzuführen. Nutzen Sie also jedes Mal die Chance, das Signal einzuführen, wenn sich die Gelegenheit bietet.

Nach etwa fünfzig Wiederholungen können Sie dann mal den Versuch wagen und dieses Signal in einem leicht unterschiedlichen Kontext geben. Versteht der Hund, was Sie wollen? Wenn nein, heißt es einfach noch weiter Vokabel lernen. Wenn ja, dann können Sie so nach und nach das Verhalten verallgemeinern, den Kontext also mehr und mehr ändern.

Allgemeine Trainingshinweise

Zum Schluss noch einmal die wichtigsten Grundlagen für gutes Training in der Übersicht. Lesen Sie sich diesen Teil immer mal wieder durch, damit Sie sich immer daran erinnern.

Ampeltraining

Mit den Prinzipien des Ampeltrainings hat man sozusagen immer seinen persönlichen Coach neben sich stehen, der einem sagt, ob mit dem Training alles in Ordnung ist.
Dazu wiederholen Sie jeden Trainingsschritt fünf Mal. Wenn fünf von fünf Versuchen klappen, ist die Ampel grün. Es ist alles in Ordnung. Die Motivation stimmt, damit die Häufigkeit der Belohnung und auch die Größe der Trainingsschritte. Sie können zum nächsten Schritt übergehen.
Klappen nur drei oder vier von den fünf Versuchen, steht die Ampel auf gelb. Ich sage auch gerne: Stellen Sie sich das als gelbes Blinklicht vor. Das heißt nämlich: Achtung, Achtung! Hier stimmt was nicht. Entweder war der Trainingsschritt zu hoch oder die Belohnung und damit die Motivation stimmt nicht mehr. Das heißt, mal sollte sich Gedanken machen, bevor man weiter trainiert, wie man die Ampel wieder grün bekommen kann.
Ist der Hund von diesen fünf Malen nur ein oder zwei Mal erfolgreich, dann ist die Ampel rot. Das heißt: Stopp! Trainieren Sie so auf keinen Fall weiter! Mehr von den falschen Dingen zu tun, macht sie nicht richtiger. Hier heißt es also auf alle Fälle, erst einmal das Training zu unterbrechen und sich Gedanken zu machen, wo der Fehler liegen könnte. Hat man selber keine Idee, kann man Freunde, Trainer oder auch mal Unbeteiligte fragen. Vielleicht bekommt man einen Denkanstoß und kann dann wieder weiter machen.

Minutentraining

Kombinieren Sie das Ampeltraining mit dem Minutentraining, können Sie das Training noch effektiver gestalten. Minutentraining bedeutet, dass Sie wirklich nur minutenweise trainieren. Das muss nicht genau eine Minute sein, obwohl das für die meisten Aufgaben eine ganz gute Zeit ist. Wichtig ist, dass die Zeit recht kurz ist und dann eben der Aufgabe angepasst. Vielleicht könnte als Faustregel gelten, dass Sie die Zeit so wählen, dass Sie ca. fünf Wiederholungen einer Übung machen können. Stellen Sie sich dafür einen Timer und hören Sie wirklich auf, wenn die Zeit abgelaufen ist. Überlegen Sie sich, ob Sie weiter gekommen sind als im Durchgang zuvor. Dann sind Sie im grünen Bereich. Wenn nicht, verfahren Sie wie oben beim Ampeltraining beschrieben. Von solchen kurzen Übungssequenzen können Sie je nach Ausbildungsstand des Hundes fünf bis zehn hintereinander machen. Danach wird es Zeit für eine etwas längere Pause.

Trainingstagebuch

Zwischen den einzelnen Einheiten des Minutentrainings hat man sehr schön Zeit, ein Trainingstagebuch zu führen. Da schreiben Sie auf, wie die Minute verlaufen war. Was war gut? Was könnten Sie verbessern? Wie sehen Ihre Kriterien für die nächste Minute aus? Eine Trainingseinheit ist erst mit der Planung der nächsten Einheit beendet. Ein gut geführtes Trainingstagebuch hilft Ihnen, Ihr Training noch effektiver zu gestalten. Sie wissen immer, wo Sie in einer bestimmten Aufgabe dran waren, auch wenn Sie mehrere Tage nicht mehr daran gearbeitet haben. Zudem hilft Ihnen das, Fehler zu vermeiden oder sehr schnell zu bemerken, so dass sie sich gar nicht ins Training einschleichen können.

Ein Trainingstagebuch hilft, Ihr Training noch effektiver zu gestalten.

»Nein« ist tabu

Bemühen Sie sich, im Training kein »Nein« zu sagen. Dieses Wörtchen kommt uns zwar allzu leicht von den Lippen, aber es ist nicht wirklich hilfreich. Das gilt natürlich ganz besonders für die hier vorgestellten Aufgaben, wo ja gerade die Herausforderung darin besteht, den Hund zum Mitdenken zu bringen. Immer dann, wenn wir gerne »nein« sagen wollen, haben wir es eigentlich nicht geschafft, ihm deutlich zu machen, was wir von ihm wollen. Und für unsere Unfähigkeit dürfen wir nicht den Hund bestrafen.

Auch ein Falsch-Signal ist in der Regel für den Hund nicht hilfreich. Es gibt da eigentlich nur ganz wenige Ausnahmen. Wenn der Hund wirklich etwas falsch macht, reagiert man am besten mit der kleinstmöglichen Belohnung, indem man 2-3 Sekunden überhaupt nichts macht.

Timing

Ein gutes Timing ist das A und O im Training. Scheuen Sie sich nicht, sich darin immer weiter zu üben. Jeder kann immer besser werden! Ein gutes Timing üben Sie am besten ohne Ihren Hund. Als Partnerübung kann das sehr viel Spaß machen. Lassen Sie sich nach dem Prinzip der hier im Buch gezeigten Übungen immer mehr einfallen und machen Sie eben Clickerspiele als Gesellschaftsspiele.
Versuchen Sie bei einem Ballspiel, das Sie auf Video aufgenommen haben, immer dann den Film zu stoppen, wenn der Ball in Berührung mit einem menschlichen Körperteil ist, beim Fußballspiel also am Fuß, bei Hand- oder Basketball z.B. an der Hand des Spielers.
Mit solchen Übungen können Sie sehr gut lernen, Ihre Beobachtungsgabe und Ihr Timing immer weiter zu verbessern, so dass es Ihnen später beim Training mit dem Hund zugute kommt.

Tausend Trainingsmöglichkeiten

Normalerweise sage ich immer »Es gibt tausend Möglichkeiten, wie man dem Hund eine bestimmte Übung beibringen kann. 500 davon lassen wir weg, weil sie tierschutzrelevant sind. Dann bleiben immer noch 500 andere übrig. Die eine Möglichkeit, die wir also erklären, ist längst nicht die einzige. Es gibt noch 499 andere.«

Das gilt sinngemäß auch für die Übungen, die hier im Buch vorgestellt werden. Sie müssen sich also nicht an die vorgegebenen Trainingswege halten, wenn Sie andere schöne Ideen haben oder schon einen Trainingsweg kennen, der Ihnen zusagt. Nur die Prinzipien, die dahinter stehen, wie z.B. die kleinen Trainingsschritte, dass der Hund immer Erfolg hat, die sollten befolgt werden – unabhängig von dem Trainingsweg, den Sie wählen.

Sie haben jetzt - wenn Sie das Buch mit Ihrem Hund durchgearbeitet haben - einen Einstieg in eine faszinierende Trainingsmethode bekommen. Das ist erst der Anfang. Wenn Sie und Ihr Hund Spaß daran bekommen haben, können Sie sich immer weiter verbessern.

Jeder Trainer kann immer besser werden.

Zum Schluss noch ein Zitat von Bob Bailey, von dem ich am meisten über Training gelernt habe: Je besser der Trainer, desto schlauer der Hund!

In diesem Sinne -
viel Spaß beim Üben!